好的爱情，
要有
敢要的底气

张德芬 ————— 著

浙江人民出版社

图书在版编目（CIP）数据

好的爱情，要有敢要的底气 / 张德芬著 . -- 杭州：
浙江人民出版社，2020.7
ISBN 978-7-213-09710-2

I. ①好… II. ①张… III. ①人生哲学—通俗读物
IV. ①B821-49

中国版本图书馆 CIP 数据核字（2020）第 048977 号

浙 江 省 版 权 局
著作权合同登记章
图字: 11—2019—316号

好的爱情，要有敢要的底气

HAO DE AIQING YAO YOU GAN YAO DE DIQI

张德芬 著

出版发行	浙江人民出版社（杭州市体育场路 347 号　邮编　310006） 市场部电话：（0571）85061682　85176516
责任编辑	徐　婷
责任校对	戴文英
封面设计	唐旭 & 谢丽
电脑制版	刘龄蔓
印　　刷	雅迪云印（天津）科技有限公司
开　　本	880 毫米 × 1360 毫米　1/32
印　　张	8
插　　页	1
字　　数	194 千字
版　　次	2020 年 7 月第 1 版
印　　次	2020 年 7 月第 1 次印刷
书　　号	ISBN 978-7-213-09710-2
定　　价	52.00 元

如发现印装质量问题，影响阅读，请与市场部联系调换。

质量投诉电话：010-82069336

序 言

我在 2016—2017 年，制作了一个线上课程"小时空"，以"唤醒、疗愈、创造"为主题，和大家分享自己这些年来的体悟，并且提供了很多实操练习，让大家能够把学到的知识、道理应用在生活中。这个课程相当受欢迎，大家的反馈也特别好。现在，我精心打造的这个课程变成一本方便阅读的好书，呈现在大家眼前了。

有些人是听觉型的，可能比较喜欢"听书""听道理"，但有些人却是视觉型的——比如我，我喜欢看书，书中一个字一个字静态地呈现在那里，让我可以反复地咀嚼、回味。

这本书其实也是我的作品《遇见未知的自己》（唤醒）、《活出全新的自己》（疗愈）、《遇见心想事成的自己》（创造）的进阶版本——在原有的基础上，更深入地探讨不同的人生主题，从不同的角度再次抽丝剥茧地探讨人性、个人意识，以及我们的情感、思想、能量的各个

1

层面，来探讨我们究竟怎么做才能拥有一个更好的人生。因为当初是口述，所以这本书的文字大多浅显易懂、直白清晰，而且故事、逸事、案例比较多，是一本既具可读性又有实操性的个人成长书。

在唤醒阶段，我用各种方式提醒大家看见：我们创造了自己的人生实相，而我们的人生就是由各种模式来控制的。我把"模式变成实相"的各种细节给大家描绘得相当清楚，由不得你不信。其中也提供了很多练习，让大家能够动手去写下自己的故事，并从这个过程当中看清楚自己起心动念背后的驱动力究竟是什么。

如果能够被唤醒，承认人生的责任大部分都由自己来负，并决心脱离受害者模式，那么下一步就是疗愈自己的创伤。由于外部环境的触动、自己的遭遇，我们内心会形成一些扭曲、偏差、错误的感受和想法，也就是所谓的受害者模式。看见自己的受害者模式，我们才真正地进入了疗愈阶段。从知道到做到，是一条漫长的路，但是一路走来，我却觉得非常值得。成长虽然痛苦，但成长之后的力量感却能让人感到非常欣喜和满足。对自己的了解越深刻，与自己的和解越到位，我们和这个世界的关系就越好，这是铁一般的事实。对于疗愈阶段，我分别从金钱、父母、亲子和伴侣这四个方面来讲述，它们都是非常落地的实证教导，大家很容易就能对号入座，看到自己问题的症结所在，进而疗愈它们。

完成自我疗愈之后，我们就更加可能创造出自己想要的人生，成为"地球游戏"的赢家。我周围就有很多这类例子，我的很多朋友都奇迹般地改变了自己的人生，创造出令人印象深刻的各种情境、成就、结果。我真的觉得他们就像魔术师一般，不断地在人生这个舞台上，做出惊人的表演，让一旁的"吃瓜群众"看得目瞪口呆。当然，这些能够创造奇迹的人都经历了艰难险峻的人生考验。在女性成长这个领域，我常常看到女性们的不容易，有时候，大家说着说着就抱头痛哭起来。但是，这群女性还是勇敢的，因为我们都有一定的使命和任务，所以愿意接受困难的挑战。如果你也觉得自己的人生比较艰难，所接受的考验难度实在太大，那么，这本书也许会为你指引一条路。

所以，在第三阶段——创造，我们会探讨如何掌控自己的命运；如何提升自己的内在力量，让自己活得更有力量；如何做到让自己能够切实去改变受害者模式，进而更好地活出真正的自己。希望这本书能够成为一些朋友人生道路上的明灯，为大家照亮前方。至少，你会觉得有一个理解你的人，在与你分享她一路走来的心路历程；你会知道，在这条路上，你并不孤单。成长的路途遥远而艰辛，有你们为伴，实为万幸！

目录

c o n t e n t s

PART 1
唤 醒

PART 2

疗　愈

PART 3
创 造

好 的 爱 情 ， 要 有 敢 要 的 底 气

PART 1 ——————————— 唤 醒

　　在成长的过程中，每个人都会经历唤醒、疗愈、创造三个阶段。在唤醒的功课中，我们首先面对的是沉睡，它是和唤醒相对的状态。你要发现自己内在的那些沉睡的部分，就像我常常说的，个人成长的改变是从不知不觉到后知后觉、当知当觉，再到先知先觉。

　　唤醒的过程要求我们不断去看见自己，尤其是外在遇到阻碍的时候，你愿意去看看自己内在究竟发生了什么，才会把这样的事情吸引过来，这是我在生命中不断操练的功课。但这并不表示，遇到不喜欢的事情我不会生气，或是在令我讨厌的人面前，我可以保持和颜悦色。可能我当时还会有情绪，甚至会开口骂对方，但是之后我会反思：到底是什么东西触动了我？我内心有什么东西没有被唤醒？是不是因为我对内在发生的事情一无所知，才会用这样的方式去回应？

　　唤醒的重要之处在于你要看到自己某些部分是沉睡的，某些部分是机械性的、习惯性的，外在刺激一旦出现，你就立刻用同样的方式、固化的模式去回应。而这些模式对你未必是最有利的，可能也无法带来双赢的结果。

　　当你唤醒自己内在沉睡的部分之后，你才能好好地去疗愈它，看看它是不是源于幼年时期的一些匮乏感、不被爱的感觉。无论你看到自己的伤痛是什么，只要愿意去疗愈它，你就能创造自己的人生，掌握自己的命运。

对于内在沉睡的部分，要全部唤醒真的很困难。比如，我在某个领域能够把唤醒、疗愈、创造的功课操练到得心应手，但在另外某些领域，我可能还处在唤醒阶段，还需要不断去观察自己的哪些不良模式又被启动了。那些不良模式里的匮乏、痛苦和纠结，可能是我们平时觉察不到的。

在帮助大家了解如何在生命的各个层面去唤醒，并清清楚楚地看到自己的不良模式之后，我们再利用各种工具去疗愈，然后我们就可以随心所欲地创造了。

亲爱的读者们，你准备好这么做了吗？

01

你的人生模式是什么？

在成长的过程中，我们常常以某种方式缅怀我们儿时的一些行为，并且把它保留下来。这个行为对曾经的我们来说是有利的。借由那种特殊方式来看世界或是理解他人，或者是来看自己，对当时的我们来说，是非常合理且有保护作用的。可是现在我们长大了，社会环境不一样了，如果我们还是戴着这套枷锁，让它来限制我们，这就是我们自己的责任了。

你想成为命运的主人吗？

　　唤醒究竟是什么意思呢？唤醒表明你一定有一部分沉睡了，所以需要集中你的注意力，唤醒那个沉睡的部分。影响我们人生的就是我们各种不同的模式——反应模式也好，情感模式也好，思维模式也好，行为模式也好，这些模式都在影响着我们的人生。

　　想成为自己命运的主人，第一步要做的事情不是知道你是谁，而是知道你不是谁。为什么呢？因为我们是谁、我们的本质是不属于我们这个有形有相的物质世界的，不是用眼、耳、鼻、舌、身、意能表达出来的。所以，我们能用以上方式表达出来的东西，其实都不是我们自己。

　　回顾一下，在你的生命当中，你是不是扮演着很多角色？你可能是某人的母亲，你可能是某人的女儿，你还可能是某人的配偶，你还是某人的闺密或伙伴，你还是办公室里的一员或者某个部门的经理……每天，我们背负多种身份，给自己添加各种标签。在不同的人面前，我们就要扮演不同的角色。

然而，你觉得那是真正的你吗？不是的，真正的你并不是这些不同的角色。真正的你是那些角色之后的背景。比如，在蓝天上，我们看到了很多白云，每朵白云都是不同的样子，甚至有的时候颜色不一样、厚度不一样、形状也不一样，但是它们都是云。

真正的你其实就像那一片蓝天，是涵容一切的背景。同样地，你所有的身份，不管是谁的同学也好，谁的朋友也好，谁的伴侣也好，谁的员工也好，谁的老板也好，谁的妈妈也好，谁的爸爸也好，谁的儿子也好，谁的女儿也好，都是这片蓝天上的白云。

所以你要先找到这种感觉——"你究竟不是谁，你究竟又是谁"，这种感觉是不能用头脑诠释的，你必须感觉到真正的你不是你的身份，也不是你的头脑。

当你知道，你不是你的思想、你的情感，你根本不是一个具象的东西，那么你在生活中的修炼就比较容易了。当你不那么认同自己头脑里的想法时，你就更容易警觉到头脑中那些欺骗自己的谎言；当你不那么认同某种角色时，你就不会被迫去试图扮演好那种角色。同时，正因为你不再认同这个身份，和你扮演的角色拉开了距离，你反而可以演得更好，有更多发挥的空间。

试试看，在生活当中，觉察你正在扮演的某个角色，想一想你怎么样可以把它扮演得更好一点。比如在父母面前，父母认为，作为一个好女儿、好儿子，你必须达到什么样的标准，但你对父母这样的观念很反感。这时你拉开距离，说："好的，我只是在扮演这个角色，这只是我的角色之一，不是真正的我，我可以不用跟着我父母的情绪起舞，不需要进入他们那出戏剧，去演那出悲情戏。"你拉开距离去看自己，就可以不再纠缠于与父母的情感关系。

你也可以找一个最容易触动你某个负面感受的角色，可能是孩子的母亲，也可能是伴侣的爱人，当那个负面感受来的时候，你提醒自己：这不是我，这个身份不是我，我可以跟我这个角色拉开距离。

选择最合适的扮演方式，对自我和我们的角色都是有利的，这样我们就不用混杂在我们的角色里而失去真正的自我，这不是很棒吗？

你被自己的模式束缚了吗？

几乎每个人都会被自己的各种模式控制，每天的工作、生活都在这些模式的掌控之下，没有办法完全活出自己，有些模式甚至会让我们跟自己作对，让我们不好过。所以，如果我们不去唤醒自己的模式，看见它、疗愈它，我们是没有办法营造自己想要的最佳生活状态的。

我有一个朋友，她出生在一个比较富裕的家庭，父母送她读的是一所贵族小学。但是她母亲对她很刻薄。比如，学校有的时候会收班费，或者举行捐款活动，她母亲一概不给她；其他同学有丰富的午餐可以吃，她带的饭菜就非常凑合、单调；同学们都穿皮鞋了，她母亲只让她穿双塑料鞋应付。她母亲总是说："你以为我们是什么家庭啊？你以为你是谁啊？你就只用得起这些。"

在我这位朋友还很年轻的时候，她母亲就过世了。她母亲去世时，她很震惊，没有想到她那么快就走了，她悔恨自己对待母亲不够用心，而且母亲交代她做的一件重要的事她也没有做好。从此以后，她对自己也变得非常刻薄小气。后来，她的财富不断增加，是标准的"富婆"。可即便如此，她对自己依旧刻薄小气。一般人都不理解，她没有小孩，自己一个人过得挺自在的，为什么不舍得花钱，她的钱到底要留给谁呢？然而，她就是无法对自己好一点。她一直活在她母亲的"诅咒"之下，以刻薄地对待自己的方式来怀念母亲。如果花钱享受，她就违背了母亲认为她应该活的样子，这更会让她觉得对不起母亲。

在成长的过程中，我们常常以某种方式缅怀我们儿时的一些行为，并且把它保留下来。这个行为对曾经的我们来说是有利的。借由那种特殊方式来看世界或是理解他人，或者是来看自己，对当时的我们来说，是非常合理且有保护作用的。可是现在我们长大了，社会环境不一样了，如果我们还是戴着这套枷锁，让它来限制我们，这就是我们自己的责任了。

人真正的快乐幸福，都不是来自外界，主要是来自我们自己的一些信念和观念。就像前面说到的这个朋友，其实她自己一个人，拥有那么多财富，完全可以把自己打扮得漂漂亮亮，每天过得开开心心。可是，她对自己却非常刻薄，过着节衣缩食的生活。旁人替她感到委屈，她自己却甘之如饴。你可能会说这样子其实也蛮好的，她不以为意就好了。可是，我会觉得她没有活出她生命的潜能，她没有充分地享受她的生活,以及生命可以给予的一些真正的喜悦和快乐。通过对她的观察,我发现她并不是不想追求美好的东西,但是每次花钱她都觉得愧疚——对母亲的愧疚感一直牢牢地掐着她的脖子。

唤醒和舒适区有关,人要走出自己的舒适区,才能够有所谓的修炼,才能够成长。什么叫作舒适区?以我的这个朋友为例,她的舒适区就是刻薄小气地对待自己。她不舍得给自己花钱,当她从一个城市飞往另外一个城市,尤其是去其他国家的时候,如果有能够省钱的中转飞机,她一定不坐直飞的;在国内坐飞机的时候,她一定会选最早或最晚的那班飞机,因为这些飞机票最便宜,可以省几百元人民币。当她这样做的时候,她在心理上最感舒适,不会感到愧疚。可是,如果她能够克服对母亲的愧疚感,看到自己其实有权利享受自己辛苦挣来的财富,那么她的日子就会好过很多,她的朋友也会更多,她会生活得更开心。否则,她只会越过越孤苦,越来越恐惧,把自己完全缩在愧疚的壳里,仿佛真有一条锁链将她的手脚都绑住了。

亲爱的朋友们,在你的生命中,或许也有类似的一些模式和观念把你绑起来,让你束手束脚,无法享受生命中最大的利益和快乐,无法过自己想要的生活,无法活出真正的自己。它可能是一个自我束缚的观念,可能是自我批判的评价,也可能是幼年时期大人灌输给你的一些老旧的、陈腐的观念。让我们花一点时间好好静坐,贴近自己,试着去看见那些模式和观念,借此来唤醒我们自己。

你相信什么，你就是什么

你的信念创造了你的世界。你的世界是由什么组成的呢？其实就是由你生命中碰到的人和你遇到的事组成的。

在我以前住的小区里，很多人会改建自家的车库，把小区里弄得乱七八糟，但物业一直都没有理会，而我只不过在我家车库门口的那片草地上放了一些停车砖，物业就派大队人马来阻止我。当时我很生气，跟他们吵。我很气愤，为什么别人搞乱小区环境就可以，我放几块停车砖就不行？

后来我发现，其实我内在有一个信念：我是很能干的，遇到什么事情都能摆平。碰到这种不公平的事情，尤其能激发我高昂的斗志，激发我的能量，促使我挽起袖子去跟对方抗衡。在这个过程当中，我很亢奋，"成功"之后也很有成就感。但是，这样却破坏了与他人的和谐，也让我自己内心不安宁。

这是十几年以前的事情了，当我发现自己的这个模式以后，我做很多事情的时候就告诉自己：别人做得很顺利，你也会顺利，你不需要用这些麻烦来证明自己。困难找上门，是因为这个挑战让你觉得自己是活着的，让你有存在感、成就感、价值感。但是，人生没有必要总是制造这样的冲突。有了这样的发现之后，我那个沉睡的部分被唤醒了。看清楚这个模式的来龙去脉，我在这种事情上制造冲突的概率就小多了。

所以，我们怎么看待这个世界，这个世界就怎么对待我们。

我的一位男性朋友，我第一次见到他的时候就觉得他应该算是一个有品位的男人。可是呢，他背的包非常丑，我就问他："你为什么背这么丑的一个包，这么没有品位？"他说："因为这样就没有人来抢我的钱或偷我的钱了。"我想："哇哦，如果每个人都持这个想法，那么所有名牌包都没有人买了啊。"

这个男生很奇怪，高高大大的，却对这个世界有非常多的恐惧。后来，我观察他的生活，发现这些非常强烈的信念和恐惧真的造就了他的人生。比方说他对人的防备心很重，就容易引起别人对他态度不友好（更加证实了他的想法），可是这些人对别人态度却是友好的。

因为他总觉得这个世界是不安全的，他就会认为很多人、很多事都是冲着他来的。因此，他常常会碰到非常倒霉的事情。

关于他，还有一件很好玩的事情。他有微博，不过才几百个粉丝，但是他的微博居然被盗了。很多微博"大V"都没有被盗号，而他这个只有几百个粉丝、名不见经传的微博却被盗了，还真是不可思议。这件事情当然就更加深了他对这个世界的敌意和警觉性，他更加觉得这个世界是不安全的，很多事情都是冲着他来的。

有朋友问我："你这么信任别人，这么天真，难道这么多年来没有被欺骗过吗？"我觉得我是碰到过小人，被忽悠多付了很多钱，有些事情的确挺闹心的，可是我真的没有被人家恶意地欺骗过（感情上的被欺骗是我自己愿意的），或是陷入很危险的境况。因此，我的回答是，我觉得这个世界是友好的、安全的，老天是爱我的，任何发生在我身上的事情都是为我而来，并不是冲着我来的。

2016年年初，有个人通过朋友传话给我，说那一年我犯小人，叫我小心提防。我当时也是无所谓的态度，"犯小人就犯小人吧，我就把它拿来修炼自己吧"。没想到那一年我真的碰到很多"小人"，损失了很多金钱，很闹心。很多老师认为人有运势，比如星盘、天体的运行都会影响到我们的生命轨迹。可是我觉得人的信念更重要，信念表现在你怎么看待这些事情上。

比如，我会说："OK，我今年就是犯小人，但他们都是来磨炼我的心性的，让我变得更加宽容。"不过，在该去骂"小人"的时候，我也不嘴软，还是会跟他们划清界限。我不主张做一个滥好人，但是我觉得你相信这个世界是什么样子的，这个世界就会显示出什么样的面貌给你看。

想一想，在你的生命当中，你有没有经历过这样的事情：同样一件事，别人去做就很顺利，可是到了你这儿就特别艰苦、困难。比如上面提到的我跟物业争执，我们内在的信念、想法或能量会给我们吸引来一些我们并不喜欢的事情。我们应该从这些不喜欢的事情去着手检讨一下，不是去怪罪外界——外在的人或事，而是看看在这些事情当中，我们自己应该负什么样的责任，我们用的什么模式致使这些事情发生，或是我们的何种能量和信念把这些事情吸引过来，其中又有什么功课是需要我们去学习的。

检视你的信念模式，重新认识自我

我觉得，每个人的信念系统多多少少都有些神秘。为什么呢？因为我看见了一些非常奇怪的现象，比如我认识的一位非常优秀的女士，她是一家很火的公司的首席财务官，可是她对自己的评价非常低。她长得很漂亮，却自觉丑得要命；她其实很能干，却自觉做得一点都不好。总之，她的自我价值感非常非常低。

这种人就是活在自己虚幻式的认知体系当中。那位女士坚信自己是不好的、没有价值的，所以她的健康状况、她的人际关系、她的喜悦程度，都是比较低或比较差的。

此外，有些人有严重的自卑情绪，你跟他在一起，不管你说什么，他都会觉得你瞧不起他、不尊重他。

我曾经的一任亲密伴侣就是这样子，跟他相处非常辛苦，一不小心就会踩到他的雷区。每说一句话都得深思熟虑，不能随随便便去否定他的意见，更不能说他有任何不好。要是不小心戳到他的痛处，那简直像犯下了滔天大罪，他能摆着一张臭脸三天都不理你。与这种人一起生活很辛苦，我多次跟他沟通，但就是没有办法让他脱离根深蒂固的"玻璃心"模式。

我觉得这种人就像在信奉一种"邪教"，认为这个世界就是瞧不起他，每个人都是来欺负他的，都是针对他而来的。这种固执的认知模式就会让人很不快乐。

我曾有机会近距离接触到这样一个人，他觉得他的母亲是一个非常糟糕的人，所以他有责任和义务去教训母亲。虽然他已经快60岁，他的母亲已经年近80岁了，可是他常常对母亲恶声恶气，甚至要动手打母亲，说要教训她一下。

当我劝他的时候，我发现他也是完全被自己的思想体系掌控，不仅完全看不到自己的错误，还振振有词地为自己的行为辩护。

其实我所谓的"邪教"，就是一种过于偏执的信仰，这类信仰对人对己都是有害的。但是他们身在其中，完全无法看到自己"信奉"的原则、观念、想法是错误的、有毒的、有害的，反而振振有词地维护自己的"真理"，令人感叹。这些"装睡"的人，你无论如何都唤不醒他们。

请大家关注一下自己每天的生活，你生命中的思想体系究竟是什么样的，有没有一个一贯的模式可以遵循。在唤醒这个阶段，我们要把这些模式当中有害的、不利的都看清楚，之后才能进入疗愈阶段。我希望大家能够更多地去看到自己需要疗愈的模式是什么，像我举的很多例子中，这些人是没有能力看清自己的。

我希望读这本书的朋友都有这个意愿去看清楚自己，知道目前生命当中的大多数问题，不是来自外界的人、事、物，而是来自我们自己没有足够的能量，没有足够的空间去应对这些人、事、物。如果我们能够抓到对自己有害的思维模式、信念体系和行为模式，进而寻求改变，那么我们的生命就会有很大的不同。

亲爱的你，不妨抽出一点时间，静静地坐着陪伴自己一会儿，同时回想自己的生活中，哪些行为模式、事件、情境是一再重复发生并对你是相当不利的，可能你就会找到需要去疗愈的模式。

当烦恼成为生活的惯性，是谁在操纵着你？

从小到大，我们会用不同的方式去看待不同的问题，但是这些方式几乎都有迹可循，那就是我们会有同样的一种情绪习惯。我可以把这些情绪习惯归为几大类：我不够好，我没有价值，我不值得，我很坏，我是有罪的。所以，我会感到自责、愧疚、自己不够好，或是感到自己不被尊重、不被公平地对待、不被爱、被抛弃等，最终它们都会形成一种思维习惯。

比如，遇到不如意的事就会生气这种情绪习惯，会不断地因为我们采用这种方式去应对生活中的问题而被加强。情绪是一种习惯，既然你能够养成一个有负面情绪的坏习惯，你一定也可以养成一个好习惯来取代这个坏习惯。

我们人生的模式就是因我们的情绪习惯而产生的。比如，你感觉自己总是不受尊重，你就会不自觉地创造出不被别人尊重的模式。这种模式形成以后，你就会在生活中以三种方式把它真实地表现出来。

第一种方式：不自觉地吸引不尊重你的人来到你的生命中。因为你携带着不被尊重或是不被公平对待的这种模式的能量，你自然就会吸引不尊重你或不公平地对待你的人、事、物来到你的生命中。

第二种方式：根据自己的模式来诠释剧情。比如，别人做了一件事，其实是无心的，或是有一些特殊原因和背景，但你会不由分说地认为那个人那么做就是不尊重你，你还会找到证据来证实自己这种不被尊重的痛苦和气愤是正确的。也就是说，你会把别人的行为按照你想要的方式诠释出来，自导自演一场大戏，并沉浸在自编的剧情中无法自拔。

第三种方式：如果你总是觉得别人不尊重你，带着这种能量，对方也就会不自觉地以不尊重的方式对待你。其实我碰到很多这样的例子，有些人在你面前，你会觉得他真的卑微到不值得去尊重，你必须对他表现出不尊重的样子，才能迎合他的需求，这种人还真是很可怜。

以上都是一种微妙的内心层面的感受，我们需要用心去体会，才能够清楚地知晓。

不管是谁，在成长中多多少少都带着从生命早期延续下来的不良模式以及情绪习惯。所以在唤醒阶段，我就会不断地引导大家去看清自己。在恢复单身的这些年里，我发现自己的成长比过去十年都多。

我不断地看到自己的很多模式,其中最严重的一个就是:我必须很努力地付出,才能获得别人的喜爱和尊重。这个模式曾经严重困扰了我的生活,因为当我的资源很丰富、能量很大却过多地付出时,我在很多关系上就会出现付出和收获不平衡的状况,特别是在人际关系上,出现很多困扰。

在唤醒阶段,各位有没有把自己的各种人生模式以及自己的情绪习惯找出来呢?要想这么做,一定要下定决心脱离受害者的身份,而且要鼓起勇气,诚实地去回顾自己生命中所有关系中的每个冲突,认识到我们的烦恼、困境大多是由自己的模式和情绪习惯造成的。请大家再次看看自己的模式,寻找自己的惯性情绪吧。

唤醒练习一：写下你常诉说的生命故事

"没有你的故事，你是谁？"

这句话是拜伦·凯蒂老师说的，她说我们每个人在这一生当中，都有很多已经过去的故事，我们承受了这些故事，长大以后我们就会活在这些故事当中，忍不住到处跟别人诉说自己的故事，这样就会让我们获得某种奇妙的身份认同，好像我跟你就是不一样的。

然后，就出现了几个问题。首先，你越是说这些故事，越会从自己的立场把它扭曲了，因为我们记忆中的故事，通常和真实的事实不太相同。比如，有一个同学曾经说，他小时候妈妈虐待他，好几天不给他饭吃，让他饿肚子。后来上了自我成长课程以后，他终于鼓起勇气回去问他妈妈这件事情，他妈妈说："对啊！有这么一回事，因为那时候你拉肚子拉得厉害，医生说要禁食几天，不能让你吃东西。"

所以，我们脑子里的记忆很可能是扭曲的。我们的头脑很狡猾，会故意把过去发生的事情扭曲成你想要感受的样子。也就是说，它会对事实进行扭曲、渲染。

所以，当我们讲述这些故事的时候，可能会情不自禁地把这些故事扭曲、渲染成我们想感受的那个情绪。比如，我们觉得自己不被爱，或是感觉到不被尊重、被抛弃、被嘲笑，这类情绪会影响我们以什么样的观点去阐述自己的故事。而我们越跟别人诉说自己的这些故事，就越会产生负面情绪。实际上，我们是在不断地喂养自己的这个负面情绪。

韩国一位医师写的《情绪自控力》里讲，如果你小时候一直感受某种情绪，长大以后你的大脑会情不自禁地不断让你去感受这类情绪，因为大脑只会选择它熟悉的情绪让你去感受。如此一来就形成了恶性循环。你不断地诉说这些故事，好让自己产生那种负面情绪，然后这种负面情绪又会让你情不自禁地在现在的生活当中去创造更多的事去感受它。

是不是很恐怖？我自己是这种感觉。我们的脑袋很会编故事，就是要我们去感受一些我们想要感受的负面情绪。也许你会说："我怎么会想要感受负面情绪呢？"其实，这种情绪上瘾倾向，是我们每个人多多少少都会有的。

我自己刚开始学习个人成长课程的时候，经常会回顾、检视我的人生故事。我发现，哇，有好多委屈，好多自我认同，好多"小我"在里面。

所以，那时候我会不厌其烦地跟很多人分享我的故事，不断地讲。后来，当我这些情绪都消化掉了、我不觉得自己委屈的时候，回头再看，发现那只是单纯发生的一件事情，我根本不需要用那么多情绪化的字眼和词汇去描述它。

比如，在我三岁的时候，我父亲有一次把我丢在楼道里，说他不要我了。对当时的我而言，这是非常恐惧的一个经历。后来长大以后，在回顾这个事情的时候，我也曾有满腹的委屈。可是，当我一再诉说这个故事，我就慢慢地把这个受害者情结给释放掉了。而且，在彻底原谅父亲之后，我就觉得再讲这个故事已经没有什么意义了。我不想再当一个受害者，那种委屈的情绪已经没有了。我对这个情绪的需求消失了以后，我的头脑就不会再去编造这样的故事，我也不再有欲望去跟别人诉说这个故事，制造这样的情绪了。

所以，请你去看看自己生命中，哪些故事是你不厌其烦地一说再说的。像我自己，如果是最近发生的事，我偶尔会跟朋友说一说，说了一两次之后，我就把其中的情绪消解掉了，同时我会把责任收回到我自己身上。也就是说，这个让我委屈、对我造成伤害的事，其实我自己要负很大的责任。这么做以后，当我再跟别人说起这件事时，我的那个情绪负荷——英文叫"emotional charge"——就没有那么重了,我已经不想再重复这个受害者的故事了。

请大家回顾一下,在过往的生活中,你常常诉说的故事有哪些?哪些故事在你每次跟别人说起时,其中包含着很多很多的情绪负荷?利用周末,或找个时间,一件一件地去检视它们,把那些你特别愿意跟别人说的故事,或是有一天如果你碰到我,特别愿意跟我分享的故事,都写下来。

安静地沉淀下来,检视自己的生命故事,去感受一下,哪些发生在你身上的故事是非常不公平的,对你影响巨大的,让你耿耿于怀、无法放下的,请你一件一件地把它们找出来、写下来。

唤醒练习二：学会旁观你的生命故事

请检视一下自己的生命历程。当你把生命当中发生的、你特别喜欢跟别人诉说的一些事情，白纸黑字地写下来之后，我建议你隔几天再回头去看一看这些文字，看看自己在这个故事当中扮演着什么样的角色。也许是受害者，也许是加害者，也许是拯救者。我们每个人在生命的悲剧故事当中，扮演的角色几乎都脱离不了这三种。

现在，在你的故事旁边，标注一下你说这句话的底层逻辑，其中究竟隐含了什么样的情绪，是自卑、自怜，还是感到受迫害、不被爱、不被尊重、没有价值、被不公平地对待、被歧视、被怨恨，又或是你自己的嫉妒、愤怒、指责、羞愧……把这些情绪全部写出来，写在你的故事旁边。

为什么要把情绪都写出来呢？在拜伦·凯蒂老师的一次课堂上，

她叫我们把故事写出来，并让我们在重述这个故事的时候，把所有的情感、情绪以及受伤害的感受全部拿掉，从比较中性的旁观者的角度去读这个故事，看看自己会有什么样的感受。我记得做这个练习的时候，大家都在爆笑，因为原本被我们讲得很悲惨的故事，在这个"照妖镜"之下显得苍白无力。

比如我自己的故事。小时候父母打架，我想分开他们，但是我很矮小，根本做不到，于是我便搬把椅子到他们旁边，打算分开他们。然而，他们看我妨碍到他们打架，便又跑到另外一边去打，我就从椅子上下来，再把椅子搬到他们那边。第一次说这个故事的时候，我感觉自己挺可怜的，感觉这件事情给童年的我留下了巨大的心理阴影。

可是，当我一再重复这个故事，并把其中受害者的感觉拿掉时，我就觉得这个故事其实还挺有意思的。我自己已经从这个故事中抽离出来，可以从一个旁观者的角度去看这件事情——我的父母当时很年轻，他们动手打架了，我很勇敢，去阻止他们。那种悲伤、苍凉、受害、可怜、渺小的感觉都没有了。一再这样重复这个故事的时候，我觉得很好玩，直到最后我已经不想再讲它了。

亲爱的，这就是我想帮你达到的状态。我们每个人的生命当中，都会有很多很悲惨的故事。跟其他人相比，童年的我已经是非常幸运的了。有时候，一些读者朋友会跟我分享他们的故事，一些心理咨询师会跟我分享他们来访者的故事，其中有些故事真的是骇人听闻。相比电视上播的、电影上演的、新闻上说的，现实世界发生的事情要更加悲惨、残酷、暴力、血腥。你完全没有办法想象的痛苦的事情，都真真实实地在发生。我对经历过这些悲惨事情的人，抱有极大的同理心。

每个人对事情的感受不一样，像我这种心思敏感又多愁善感的人，很多事情就会对我影响很大，比如童年的一些经历对我的伤害就很大。我虽然不能说完全了解他们的感受，但我对他们的悲悯和同情肯定不会比别人少。

很多人都有悲惨的过去，我去美国参加内在小孩工作坊的时候，听到那些美国学生分享他们童年的悲惨故事时，我都不敢分享我的童年故事了，因为跟他们的童年相比，我的童年简直像是身处天堂。也许悲惨的程度各有不同，但不管怎样，那些故事的确都深深地伤害过我们。然而，想要疗愈我们的伤痛，我们就必须共同面对一个重要的事实，那就是：这些故事都已经是过去式了。

印度的萨古鲁老师说过，这些过去的事情都已经过去了，你所能拥有的就是今天和现在，你为什么要让过去的事情再度复活呢？过去的东西都已经死了，你为什么要花那么多精力和能量，去让一个死掉的东西继续活着呢？

一个曾遭继父强暴的女孩子跟拜伦·凯蒂哭诉她的遭遇，凯蒂老师就跟她说："你知道吗，在你这一生当中，你的继父可能强暴了你十几次，甚至几十次，可是，当你在脑海里反复再现这些场景时，就好比他在继续强暴你，几百次甚至几千次。你为什么要这样对待自己呢？"所以，我鼓励大家检视自己的过去，检视自己的故事，然后思考：为什么我不放下它们呢？继续沉迷于过去的受害情绪对我有什么好处呢？

也许我们觉得做一个受害者，去控诉别人，我们就可以不用为今天的状况负责。但是，快乐的秘方真的不是去指责别人，把责任推给别人，而是对自己负起责任。如果你能够找到内在的力量，对自己负责，并且想明白：我知道我的童年很悲惨，当我很小的时候，当我无能为力的时候，有能力的父母没有尽到他们的职责，他们虐待我、忽视我，让我受到了伤害。可是现在我成年了，是个大人了，我必须站起来，对我自己的生命负责。

一旦你有了这种态度，你的生命故事就会改写。这时请你重写你的生命故事。重写的时候，你的语调就已经不是带着情绪的当事人、受害者，而是从旁观者的角度，甚至从新闻报道的角度去重述这个故事。如果你是一个新闻记者，你在报道这些故事时会用什么样的方式去诉说呢？也许这种方式会让你从不同的角度去看看自己曾经经历的生命事件。

这难免会引起很多悲伤、痛苦，甚至愤怒，我希望你能够跟你内在被搅动起来的所有负面情绪好好地待在一起，创造一个空间，去包容它们，允许它们在当下存在。你可以做到吗？

唤醒练习三：放下你的生命故事，让你的生命更值得

我们每个人其实都很喜欢诉说自己的故事，每次我碰到读者，他们就特别愿意跟我分享他们的生命故事。有时候在见面会上，现场有几百人，好多人想发问，可是有些人拿着麦克风就是不肯放，一直在诉说他经历的那些让他感到委屈的生命故事。

所以，在谈到这个话题的时候，我会要求你们先把自己的故事写下来，然后再把这些故事包含的情绪写出来，目的是要让你们看到，你们所讲的故事下面隐藏着哪些情绪，让你们能够看清楚、感受到。同时，我还要求你们改写自己的故事，从新闻记者报道新闻的角度，从第三者的中立立场，来改写这个事件，看看这个故事会变成什么样子。

现在，请你找一个非常知心的、嘴巴很紧的、支持你的好朋友或

心理咨询师,总之就是一个你很信任的人,把这些故事分享给他们。看看你的感受还会不会像你第一次分享这个故事或写下这个故事时那么强烈,看看这个故事对你还有多少影响。

有一次在课堂上,老师叫我们写下自己的生命故事,然后找人去诉说这个故事。他第一次叫我们这么做的时候,我们都很认真地跟别人诉说我们的生命故事,有些人甚至说得声泪俱下,泣不成声。第二次,他再让我们这么做,再找另一个人,跟他诉说同样的故事时,我们又把这个故事说了一遍。不过这次,大家的情绪其实已经好很多了,没有那么多的委屈和眼泪、悲伤和愤怒了,好像真的可以跳出那个故事,从第三者的角度去看过去发生的那些事情。但是没想到,他第三次叫我们再找个人把同样的故事说一遍。说实在的,那时候我们都已经很厌烦了,当时我心里想,他要是让我们再找第四个人去说这个故事,我可能当场就会吐出来,实在说不出来了。

其实,第一次说故事的时候,就真的有同学情绪激动得呕吐了。为什么呢?因为很多故事真的被我们压抑了很久很久,而其中的情绪也随着那个故事被压抑下去了。当我们有机会让这些故事重见天日的时候,那些被压抑的情绪也都浮上来了,我们没有办法再去阻挡它,而这些压抑很久的情绪,有时候就会通过呕吐发泄出来。当然有些人会狂哭,这也是一种发泄方法。当你把同样的故事说了三遍后,如果让你再继续说下去,你也会想吐。你会觉得:哎呀,这没什么嘛,不要再说了吧，没什么好说的。这同时也说明，你从受害情绪中解脱出来了，不想再反复去体验那些不好的感受了。

亲爱的朋友们，我们在现实生活中反复诉说过去那些让我们感到委屈的故事，从中获取所谓痛苦的快感，其实是一种很病态的行为。如果你有这种行为，一定要能看见，并且要修正。

比如，像我母亲这种老一辈的人，年轻的时候过得比较苦，比较卑微，所以有一肚子的委屈，她就喜欢把过去的一些事情拿出来讲，其中大多数故事里，不是她过得穷酸、被刻薄、被鄙视、被欺负，就是别人都是恶人，她很可怜，是被害的、受虐待的、不被尊重的。我相信很多母亲都是这样子。

一开始，我母亲每次讲这些故事的时候，我不知道怎么招架，而且情绪可能还会随着她的讲述起舞。后来，我学了个人成长的课程，慢慢强大起来以后，我就发现我不想听她说了，不想讨好她，情绪也不会受到她影响。我就看着她，跟她说："妈，你是一个有洁癖的人，别人喝过的水倒出来给你，你都不要。你有洁癖，各种古怪的洁癖都有，可是为什么你对自己的内在，这么没有洁癖呢？这些过去的垃圾早都埋进土里了，都已经腐化了，臭气熏天的。可是你每天都要把它们挖出来，挖出来不打紧，你还要拿出来闻，拿出来咀嚼。咀嚼就算了，你还要喷向别人，让别人也闻这个臭味，这样有什么意思呢？"

　　我很认真地跟她沟通了这件事之后，我就发现我母亲真的改变了很多，至少她会意识到："我又在扒垃圾了。"我并没有责怪她的意思，我只是用好奇的方式去询问她："为什么这么有洁癖的人，对自己的内在却丝毫没有洁癖呢？！"之后她也会习惯性地诉苦、抱怨，但是因为我内在的能量非常中正，不会随她起舞，始终维护着"我不爱听这些，你最好别跟我说"的能量场，所以她常常都是点到为止。

在唤醒这个阶段，你一定要反思，自己是不是在过去的生命当中把这些故事拿出来反复诉说，证明自己是委屈的、不被爱的，证明自己是受害者。

你在诉说这些故事、感受这些情绪上所花的时间和精力，你觉得值得吗？如果你用这些时间欣赏一棵树，看看蓝天白云，散散步，帮一些需要帮助的人做一些事，去锻炼身体，去学一门技艺或语言，或是去当志愿者做一些公益活动等这些积极正向的事情时，你在精神上和肉体上会不会得到更好的回报呢？

或者，你可以跟一群喜欢读书的人组成一个读书小组，共同讨论一本有益于身心健康的书。这是一件我们必须下定决心去改变的事情，决定之后，我们就要在生活中时刻警惕——当那个旧有的恶习又出现的时候，能不能阻止自己去"作"，回到自己的中心去感受当时的情况，转向正面应对。

亲爱的，让我们放下这些会带来负面感受的过去吧。让我们向前走，带着放下过去的决心，把自己的时间、精力都花在最好、最对的事情上，让自己的生命变得更加有价值。

所以，不要再浪费时间了！

02

内在、转化

　　我们一定要在生命当中去看见，有很多事情我们必须负起责任。我们内在的模式、想法、观念和信念所招引来的人、事、物构成了我们的世界，构成了我们的生活，造就了我们所谓的命运，并为我们的人生带来了一个最终结果。

　　所以，请持续耐心地去回顾自己。

通过自己的内在去寻找快乐

"只有你的快乐和幸福不附属于任何人或物的时候，你才是自由的。否则，无论你是被关在监狱里还是走在大街上，你依然是自己的囚犯。"

上面这两句话是印度萨古鲁老师说的，我觉得这两句话是我们大多数人的写照。我们的模式是我们最大的敌人，它已经把我们套牢了，让我们没有办法活出自己，或是让我们没有办法在生命当中得到我们想要的东西。

回顾童年，大多数父母并没有智慧去教导我们怎么样找到真正的快乐和幸福，相反地，父母总想操控我们。他们让我们觉得，只有当我们乖乖听话，按照他们的剧本演出，活出他们想要的样子时，我们才能够得到快乐和幸福，他们才能够保障我们生活无虞。于是我们习惯眼光向外地获取快乐和幸福，却没有办法从自己的内在去找到快乐和幸福。

个人成长的目的就是让我们去自己的内在寻找快乐和幸福，而不是一再依赖外在的人、事、物来获取。

我前面说的那个有钱但对自己非常刻薄的女性朋友，她受制于母亲在她心上设下的一道障碍；那个总是倒霉的男性朋友，可能他从小生长的环境让他没有安全感，形成了"这个世界不安全"的观念，他就把他的世界活成了一个不安全的世界。他的世界和别人的世界是不一样的。比如，我的世界就是安全、美好的，像个鸟语花香的乐园；他的世界更像一个硝烟弥漫的战场。

当然，我也有我的过往创伤，我的世界也并不完美。我有很多自己的不良模式。我有不被爱的模式，虽然父母很爱我，可是不知道为什么，我就是会把他们的行为解读为不爱我。长大以后，虽然有很多人爱我，可我还是习惯去感受那个不被爱的感觉。这种模式在我生活当中是有蛛丝马迹的。比如，我很喜欢伤春悲秋，喜欢听、喜欢唱哀伤的歌；碰到那些哀伤的故事，尤其是爱情故事时，就特别容易对号入座，容易感伤落泪，老觉得没有人爱自己。

结果，我成功地把两个非常爱我的人变成好像不爱我了。当我意识到这件事情的时候，我非常惊讶：啊，我原来真的是盲目地被这个模式控制着。

这种"不被爱"的信念和模式会改造你的生命，不是吸引特定的人（不爱你的人）过来，就是你用某些行为让你遇到的人变得真的不爱你。当然，你还可以把对方爱你的行为都解释成不爱你，反正一个铜板是两面的，就看你怎么去解释。

所以我不厌其烦地强调，我们一定要在生命当中去看见，有很多事情我们必须负起责任。我们内在的模式、想法、观念和信念所招引来的人、事、物构成了我们的世界，构成了我们的生活，造就了我们所谓的命运，并为我们的人生带来了一个最终结果。

所以，请持续耐心地去回顾自己。

你可以先从你现在的生命当中，回想你不想要的情境、不喜欢的东西、不喜欢的人。对于你不喜欢的人，想想你为什么不喜欢这个人，是因为他身上具备那些你讨厌的特质，还是因为他其实并不是那样的人，而是你的某些行为把他变成了那样的人？抑或，他展现那样的行为并不表示他是你想象的那种人，但是你就是会把他理解成你想象的那种人呢？

你生命中的一些情境，真的如你想象的那么悲惨吗？还是你将它们吸引过来，以自我磨砺，帮助自己成长呢？

你内心真正想要的是什么？

我想跟大家做一个游戏。你们来想想看，如果现在你面前出现了一盏阿拉丁神灯，你摸一摸这盏灯，就会出来一个精灵，跟你说："主人，我听你的吩咐，但是你只能许一个愿望，你的愿望是什么呢？"

很久以前，我想过这个问题，那时候我的答案非常明确。那时我的生命当中缺一个伴侣，所以我许愿说要一个爱我的男人。如果今天精灵出来让我许一个愿望，我会说："请让我能够真真切切地去体会我们人类本来的面目究竟是什么。"我现在非常相信所有哲学、宗教的典籍里写的——我们人类真正的面目不是我们用眼、耳、鼻、舌、身、意能够看到、听到、闻到、尝到、触到、感觉到的。人类本来的面目究竟是什么样的呢？就算是一次开悟体验也好，我希望能够有这样的一个体验，真真切切地认识到我们真正的面目，真正知道自己是谁。

　　如果在离开这个世界之前能够有一次这样的体验，我会非常非常开心，这也是我真正想要的，而不是要更多的名气，或是要一个爱我的男人。当然，如果可以许三个愿望的话，我可能希望有一个知心的伴侣陪我度过后半生，也希望可以再为大家多做点事。

　　对你来说，如果只能许一个愿望，你会许什么样的愿望呢？

　　如果此刻你唯一的愿望是生个孩子，那么就去做呀。现在这个时代，很多人想要孩子，却遭遇了很多很多困难，试了很多次，花了很多钱，身体也受了很多冤枉罪。很多事情，你真心想做的话，你只需要努力地去做，一心一意地去执行，那么那些事情就真的会实现的。

　　在这个唤醒阶段，我跟大家分享阿拉丁神灯的故事，主要是想让大家看清楚：你内心真正想要的是什么。很多时候，我们都是说一套做一套。比如，哎呀！我对这个工作有点倦怠了，真的很想出去旅行。那你就看看你唯一的愿望是不是真的是自由自在地去旅行。如果你真心想要去看看这个世界、去旅行的话，你只要每天想、真心想、认真想，天天浸泡在这个感觉当中，那这个愿望就会成真，因为你每天朝思暮想的东西，会不自觉地被你吸过来。

　　用这个阿拉丁神灯来检验一下你内心真正想要的是什么，我觉得非常重要。也许检验之后，你会说："哦，其实我不是想要环游世界，我真正想要的是一份更有质感、更有挑战性、公司平台更大、更有前景的工作。"答案不就出来了吗？你也许是觉得现在的工作很烦，可是又无法得到更好的工作，也不可能得到更好的工作，所以只好说"我想环游世界"。所以说，我们每天脑袋里想什么，真的是非常重要。你可以试着用阿拉丁神灯来检验一下，你真正想要的是什么。

如果到现在，你还是没有办法知道自己真正想要的是什么的话，你就闭上眼睛，听听音乐，让音乐来指引你到内心深处，看看自己真心想要的是什么。对于你真心想要的东西，如果你在生命当中时时刻刻想着它，你的所作所为、所言所行、所思所想都跟它有关的话，那么这个东西一定很快就会来到你的生命当中。

帮你在生活中寻找乐趣的一些小方法

我一直想跟大家分享一些在生活中寻找乐趣的方法。

首先，走向大自然。大自然是真的能够让我们的振动频率变得比较平稳和谐的好地方。有人说，自己一直住在都市里，没有时间去接触大自然。但是，你要知道，大自然不只包括野生动物，还有眼前的树木、花草和路上的飞鸟，这些同样是大自然的精灵。你可以试着每天走在路上的时候，跟树做一些联结，看着它们，欣赏它们，跟它们打个招呼，把你心里的振动频率跟这个树的振动频率做一个联结。我每次只要接触到花花草草，或是看到一些动物，或仅仅是跟我家的狗玩，我的振动频率都会提升。

当然，阅读也是非常重要的。找一个舒服的地方，准备一杯自己喜欢的饮料，安安静静地读一本书，让心慢慢地静下来，也是非常好的能让自己喜悦的方法。

此外就是要注意睡眠的质量，一定要让自己的睡眠环境非常舒服，保持卧室清爽、干净，把每天的睡觉当成一个非常重要的仪式，这样才能帮助我们恢复活力和体力。

同时，每天要做一些舒展、拉伸的动作。不要天天保持一个姿势坐在那里或站在那里。上班路上，我们也可以做一些活动，比如坐车坐久了，我们就动一动身体，扭一下，换个姿势，扭扭脖子，伸展一下腰背手臂，这都是可以做到的。如果每天要开车很久的话，建议你在车上放一些舒缓的音乐，或者也可以听一听我的课程音频。

如果是坐地铁或者公交车，你也可以试着在自己的周围创造出一个属于你的小时空。其实很简单，只要你回到自己的内心，然后想象有一道光把你跟其他人隔开。在这道光里，你就可以活在自己的小时空里，享受你的音乐，或是闭着眼睛什么都不做，只是关注自己的呼吸，跟自己好好地待在一起。

我们每天看似会浪费很多时间在交通上面，可是，如果你能跟自己好好待在一起的话，就能够充分利用这些时间了。

另外，我很喜欢泡热水澡、泡泡澡、香浴澡、浴盐澡，这也是非常好的放松方式，能让你觉得很舒服，也能够提升你的振动频率。

当然，如果你力所能及，还可以多出门旅行，出去走走，换一个环境，换一个磁场，看看别人是怎么生活的，欣赏各种美景，转换一下自己生活的场景，这对你也会有一些帮助。

同时，我们每天也可以做一点点好事。活得最痛苦的，就是那些每天都想要竭尽全力去获取更多利益的人。如果我们每看到一件事情就思索这件事情对我们有什么用处，看到一个人就想这个人会对我们有什么帮助，每天的着眼点都是这些的话，我们就会过得很辛苦。

每当跟一个人有交集的时候，我就会不自觉地想，这个人我可以给他点什么东西，我可以怎样帮他，让他生活得更愉快。如果我们每天都是这种心态的话，真的会活得比较开心。同时，运动也是非常重要的。我们每天都要跳一跳、动一动。我们去健身，运动以后大汗淋漓，觉得很爽，或者拉筋以后觉得浑身轻松。这种感觉很棒，值得我们去感恩。

坐在公园里看一看花草树木、流水淙淙，跟一些植物做联结，或是在晚上凝视一下无垠的天空，这些都是能让我们转换能量的小确幸。

在生活当中，我们也要去寻找那些让我们觉得快乐的事情。很多平常的事情其实不是理所当然的，我们在生命中应该去发现这些情境，要特别去感激它们。比如冬天暖气很足的时候，我们睡觉时开一点点窗户，夏天吹着空调盖被子，那种感觉就很让人开心。

又比如，你进入一家书店，闻到那里的书香；进入一家咖啡店，闻到咖啡的味道；进入一家面包店，闻到面包的香味；进入一家五星级酒店，闻到大堂里的香氛。你让自己的嗅觉能够经过一番洗礼去感受这些不同的香味，是不是也是一件很愉悦的事情呢？

愉悦有时候是买到自己喜欢的一个小东西，或是看了自己喜欢的一部电影、听到一个笑话，或是有一个可以谈天说地的好朋友。我希望大家能够在生命当中，多去注意这些能够让我们产生愉悦感的小事情，同时别忘了时时心怀感恩，感恩自己生命中所拥有的，感恩那些帮助你，让你现在能够维持美好生活的人。

过去的日子里，有什么人和事情是你想感谢的呢？可以写一写。写下过去一年最让你感激的事情是什么，最让你感激的人又是谁，最让你感到快乐的是什么，让你能够平静下来的又是什么。然后，就多多去做这些事吧。

愿意面对自己，是成长的前提

在唤醒阶段，我已经简单地告诉大家一些疗愈的方法，其实非常简单，就是老老实实地面对自己的模式，然后跟自己的负面情绪相处。

这需要很大的勇气，一开始你肯定会感到很不舒服，你会觉得：我的个人成长过程，怎么会让我感觉越来越不好？难道不是应该越来越平静、畅快，越来越有自信吗？其实，在你能够疗愈自己的创伤之前，你得到的平静、自信和愉悦，都是一种非常浅表的假象。只有当你真正克服了自己最大的弱点，超越了自己的阴暗面，你才有可能得到真正的自由和快乐。否则，你只是把这些成长的工具，这些术语、想法、念头叠加在空虚的黑洞上面，并不能真正去面对自己的问题、接纳自己的情绪。

所以，疗愈的关键就是要去面对自己的模式、接纳自己的情绪。

我单身之后，自出生以来第一次一个人住在一栋房子里。从小到大，我一直跟别人生活在一起，因此面对这种情况我难免会感到孤苦。这种孤苦是我从小就有的，我却一直在害怕它、躲避它。当我处在现在这个年纪，一个人待着还会觉得孤苦的时候，我就知道不对劲了。不过，我愿意去探索这个模式，我愿意去接纳这种痛苦。

要做到这一点，我必须从两个方面着手，第一个是在我的知见方面，必须有非常清晰的正知正见。我要抽丝剥茧地去看，我之所以会有这种价值的匮乏感，是因为小时候父母看我的眼神是这个样子的，或是我在学校里，老师的一句话常常让我觉得自己非常没用，没有价值。当有这样的一个正知正见，知道这些东西都是幻象以后，再学习跟负面情绪好好相处，我就更有能量和力量跟自己不喜欢的情绪待在一起了。

第二个是在情绪方面，能赤裸裸地跟情绪同在。一开始我可能会感到非常恐慌，不知道该怎么办，会用各种方式去逃避它，不想面对它。但是，我觉得有一点很重要，就是不管我表面上再怎么样挣扎，我内在都要知道这个问题是出在自己身上的，我的问题不在于我真的孤苦无依，而在于我自己害怕独处的感受，所以才会把它们诠释为我不想要的那种孤单的感受。

当我勇敢地穿越了它们以后，我发现自己一个人待着真的蛮舒服的。这个时候的我，跟害怕孤独的我，两种状态的内在力量有很大的差别。当我有了这样的内在力量、不再害怕独处以后，我发现生活天高海阔，逍遥自在。很多以前我害怕的情境，因为害怕孤独而不敢去做的一些事情，或是勉强自己去做的一些事情，现在都不用做了，我也不用花那么多时间去对抗这个孤独感。虽然这个孤独感还是会来，但是它来的时候，我就跟它待在一起就好了。

另外，很多人的问题是感觉到自卑，觉得自己没用、没有价值。我希望大家能够老老实实地去面对，看清楚这些负面情绪真的只是情绪习惯的一个幻象，你不是没有价值的，你不是没有人爱的，你不是不好的，你真的是很棒的，但是你必须接纳自己这种没有用、没价值、没人疼爱的感受，赤裸裸地跟它同在，看看会发生什么样的事情。

请再次回想一些事件，把你生命当中最不想面对的那个情绪钓上来，然后在音乐声中陪伴自己，好好地去面对它、感受它，跟自己说："这不过是一种情绪、一种能量，我必须好好地面对它，不能逃避了。我就去接纳这种没有用的感觉、无价值的感觉、被抛弃的感觉、悲伤的感觉，那又怎么样呢？我依旧可以好好地待在这里，与它同在。"能够做到这一点，你就不会被这些负面感受所驱动，去做一些补偿行为、过激行为、上瘾行为了。这样一来，你的身心都能比较安康自在。这真的是太值得我们尝试了。

培养觉察"小我"的能力

我观察到一个现象：我们平常所言所行、所作所为，几乎全都是拿来服侍我们自己的"小我"的，完全是以自己的兴趣和利益为出发点的。如果你不同意我说的话，你可以拿出一个小时的时间，去看看当你跟别人互动的时候，你说的每一句话以及你对对方感兴趣的点究竟在哪里。我可以肯定，几乎百分之百是跟你自己的利益或兴趣相关的。

最近我们一群朋友出去玩，其中有个人是个绝对以自我利益、自我中心为导向的人。他说的每句话都在为自己鼓掌，做的每件事都是在炫耀。即使他给你建议，也都是让他自我感觉良好的。所以我们另外一个朋友给他取了一个绰号，叫作"宇宙第一男主角"。就是说，他认为他自己就是宇宙的中心，整个世界就是围着他转的。

婴儿有一个共同的特性，就是认为自己无所不能，他们跟这个世界是一体的。我们很多人在婴儿期会有这样的错觉，当然后来无情的世界会教导我们，现实不是这样的。可是这位"宇宙第一男主角"，他就没有走出婴儿期的心理状态。如果有人破坏他的计划，违背他的意志或者侵犯他的利益，他就会变得极其愤怒，会去跟对方对抗，不惜一切代价也要去实现自己想要做的事情。这样的人当然是不可能有好的亲密关系的。

眼睛长在自己身上，看别人当然都很清楚，但看自己的能力就很差，也就是觉察"小我"的能力很差。你去想一想，你在社交场合所说的每一句话以及你关心对方的一些要点，是不是都跟你自己有关系？也就是说，说这话会把话题焦点带到你身上，迎合你的兴趣，或是让你看起来好（look good），或自我感觉良好。

再比如，对方说他去哪里玩了，你立刻就会想到你也去那里玩过，或是你去过更好的地方，这表示你也是很棒的，不比他差。在社交场合，如果你去观察别人，是看得非常清楚的：每个人几乎每一句话都是往自己脸上贴金，每句话的用意都是在寻求良好的自我感觉。

我洞察这样的人性之后，有时候就会变得嘴巴很甜，会顺着别人的话说，让他自我感觉良好。很多人需要别人去喂养他的"小我"，需要别人让他自我感觉良好。我觉得对我来说，这是做好事。他讲什么，我就说："哎呀，真的好棒，真的挺好的！"然后对方就很开心，我也很开心，就这样结束了谈话。这样在外面应酬、社交的时候，很容易有好人缘，因为大家都觉得，"哎呀，你好贴心哟！你好会倾听哟！你好会为别人着想哟"，虽然我内心其实并不喜欢迎合别人，但必要的时候，我也会那么做。这不是虚伪，而是不带任何目的地让与你谈话的人感觉舒适。如果这么做不需要耗费我太多的能量，我觉得无妨。以旁观者清的态度不带任何意图地去迎合别人，看到别人被你赞美或认可时表现出的喜悦、满足，其实也是挺好的事情。

可是，当我们回到家，面对我们最亲密的爱人的时候，我们常常没有办法把这一面拿出来。因为我们也有自我感觉良好的需要，我们也有被喂养"小我"的需要。回到家里的时候，我们可能就会希望我们最亲密的人能够来完成外面的人没有完成的任务：让我们的自我感觉良好，让我们的"小我"能够膨胀。

在我的亲密关系当中，我很喜欢拿对方来照镜子，对着镜子顾影自怜，觉得自己很美。这种时候，对方其实只是我拿来让自己感觉良好的一个工具而已。可能我没有真正地看到那个人，可能我爱的也不是那个人，而是爱上让我自我感觉良好的感受。

我希望大家能够去看一下，我们在生活当中是不是常常把周围的人都当成让我们自我感觉良好的工具。即使我们去讨好别人，其实也是扮演很多不同的角色，让周围的人配合我们来演出。而当别人配合度不高时，冲突就出现了。要想避免这些冲突，我们就要看见我们自己究竟在做些什么。

学会为自己的行为负责任

一位美国作家说过一句话："把你的生命放在自己手中，结果会怎么样呢？太悲惨了，再也没有可以责怪的人了。"这是我们个人成长必须去承认和面对的问题。

我们常常会把自己的一些错误行为、性格偏差怪罪到父母头上，觉得是小时候他们对我们的教养方式、他们的人格个性，造成了我们现在的错误行为和性格上的一些偏差。其实这种想法并没有错，因为我们小时候就是一张白纸，而且我们是那么无助，只能仰望着大人，希望他们能够爱我们，营造一个健康、和谐的环境，让我们顺利长大成人。

那么，在不幸的家庭中长大的孩子该怎么来看待自己的命运呢？我以前常常责怪我母亲不懂得尊重我，导致我常常觉得别人不尊重我，以至于有时候我会想要刻意地去讨好别人。可是随着我个人成长，我的内在力量增强了，我能够自己尊重自己了，我母亲不尊重我的这件事情就不会那么触动我。虽然她现在依然非常不尊重我，不尊重我的界限，不给我个人空间，想要操控我的欲望依然非常强烈，可是由于我不跟她唱对手戏了，我便不觉得这是一个问题了。当她继续侵犯我的空间、不尊重我的时候，我会比较理性地向她陈述事实，让她退回到她的位置。而且，我说话底气比较足，让她无法反驳。

有些孩子，他们在自己还没有成长、没有累积到足够的内在力量时，只会一味地责怪父母。有些人到三四十岁时，还被父母牵制，没有自主的空间和余地。对于这种情况，我觉得他们自己也要负一部分责任。如果我们能够尊重自己，划清界限，给自己保留一个个人空间，别人是没理由侵犯你的。做不到，就是因为我们对父母还是有所求，希望从他们身上得到一些东西。

不管是亲密关系破裂、工作不顺心，还是在教养孩子上遇到挫折，你有没有把自己碰到的一些困难归咎到你父母的行为或是教育上面？如果有的话，希望你能够看到并且承认：我的确在责怪我的父母，他们以前的婚姻状况让我对婚姻产生了恐惧或是不信任配偶，因此导致我现在的亲密关系出现了紧张。如果你能够看见这一点，你就已经开始进入唤醒阶段了。

你是不是愿意进一步对自己的行为负责任，对你紧张的亲密关系、对你不太顺利的事业、对你跟孩子之间的矛盾负起你该负的责任呢?
责怪别人都是比较容易、让我们感觉比较舒服的，但是我觉得把责任
收回，并自己扛起来，才是最佳成长方法。一味地责怪别人，始终把
责任的箭头指向外面，你就会一直陷于恶性循环当中，不能真正看到
你的内在其实是有力量的，是有办法改变自己、进而改造外部环境的。
只有你成长了，你的内在力量增强了，愿意去面对自己的责任了，你
才能够充分地活出你该有的人生。

03

内化、喜悦

也许我们都会觉得是由于这个人、这个情境、这件事让我们遭受痛苦。可是，我觉得最好的方式还是去看见——这些痛苦是我们本身内在的一些信念系统或是一些错误的模式运作造成的。在个人成长上，萨古鲁老师说，他希望我们最终能够做到的是——无论外在的情况怎么样，我们内在的喜悦、和平都不会被夺走。

将外在的体验内化成你的力量

在南极海峡航行的时候，看着那连绵不断的冰山、冰川，看着那令人惊叹不已的美丽景色，那一刻的感受让我印象深刻。

有人问我："你到过南极之后，还可以再去北极看看，但是之后呢？你欣赏了世界上这么多美景，看尽风光，回家之后要做什么呢？"

我们到处去旅行，到南极看千年甚至万年的冰山、冰川，看呆萌的企鹅，我们心底会升起一种非常宁静、喜悦的感觉。这些，其实都是我们的素材，也是一种能量振动。我们可以把这样的感觉储存下来，等回到日常生活中时，我们就能在自己平常的世界里，创造一个属于我们自己的、宁静的、具有空灵特质的小时空。

如果你到南极或是其他任何地方，只是为了欣赏风景，到此一游，草草了事，那么这些体验都是外在的，没有办法内化成你自己的力量。

假如我们只是靠多巴胺[1]作为喜悦来源，我们就会不断地要求自己去刺激多巴胺的分泌，我们就会需要一次比一次更加强烈的刺激，才能产生喜悦。所以，寻求喜悦，我们不能光靠外在的体验。

不管到任何地方旅行，我建议大家一定要把大脑放空，安静下来，用你的眼睛去看、去观察，用心灵去体会、去感受，而不仅仅是去"打卡"。那些美妙的旅行体验，或是我们人生中的任何体验，它们不应该只是我们的战利品或是收藏品，而应该是我们真正用心去体会的那种宁静、振动频率，那种气场、氛围和感受，然后，我们才能把这种感受带到我们的日常生活当中。在烦扰纷乱的生活环境里，学会保持一颗平静、淡定的心，是我们去旅游、去接触大自然最主要的目的。

---

1 多巴胺，脑内分泌的一种化学物质，能带给人亢奋的感受，相较于血清素，多巴胺更能持久而平稳地为人带来内心的喜悦满足。

为何你总觉得自己不配得也不值得被爱？

　　在南极的游轮旅行中，有一天（也许是在船上待得实在太无聊了），一种情绪突然袭击了我，那种情绪就是——自我憎恨。我觉得自己不够好，没有符合大家的期待，我难副自己的盛名。总之，那种自我攻击和自我憎恨的情绪非常强烈。

　　当你产生这种自我憎恨的感受时，你就会不断冒出自我攻击的想法。那个时候我开始操练我平常跟大家分享的方法，跟自己的感觉在一起，然后试着拉开距离去看我的那些自我憎恨的感受，以及我的那些自我攻击的想法，然后告诉自己"这不是真的"。果然，大概经过了一个下午外加一个晚上的练习之后，那种情绪感受就消散了。

　　在这之后，再面对相同的情境时，我处理自我憎恨的能力就更强了。当然，这种自我憎恨也是我自小从家里沿袭下来的消极模式。我母亲就有这种自我憎恨的能量，我在她身边长大，非常爱她，可能在我们相处的过程中，我不知不觉地沿袭了她的情绪模式和习惯。也可能是我小时候，用这种情绪来面对家里的一些冲突、不顺遂。当时那种模式可能帮到了我，让幼小而无所适从的我觉得情绪上有一个着力点。但是现在，我已经长大成人了，不需要再使用这种对自己有害的情绪模式来应对人生了，而要带着觉知去面对它们、接纳它们，进而消除它们。

如果你内心深处觉得自己不配得、不值得被爱，你真的会不自觉地在生命当中创造出这样的情境，好证明你的想法是对的，或是把别人的行为曲解成不喜欢你、不爱你。

我们脑袋里的想法以及自我感觉不好的这些感受，大多是自我创造出来的。你要去接受被拒绝的感受和不被爱的感受，当你能够接受时，你就不会再那么别别扭扭地去刻意讨好别人。因为有时候你越是去讨好别人，他越不一定会给你想要的赞赏和喜欢。

要想舒舒服服、心安理得地做自己，我们必须先看到：是我们自己创造了自我感觉不好的这些感受。你需要告诉自己：这只是我从小沿袭下来的一种情绪模式，我可以超越它。然后，你就看着这种情绪模式，看着这种自我攻击的想法，体会这种不舒服的感受，跟它拉开距离。

渐渐地，你就会发现，这种情绪来拜访你的次数越来越少，停留的时间也越来越短。那个时候，你的内在力量就越发强大了。

让我们试着在静默当中，去感受一下自己内在的那股力量吧。

为什么不能心安理得地做自己？

　　以前我受到情伤的时候，曾经去请教我的朋友。我请教的这位朋友，并不是个人修炼得有多好或是个大师，她其实就是一个普通人。可是在某些方面，她情商特别高，有值得我学习的地方。

　　这位朋友告诉我，在亲密关系中只能做狠事，不能说狠话。当时听到这句话，我非常惊讶。大家都知道，我很会说话，嘴巴很厉害。但是，这种语言能力是把双刃剑。我能够一针见血地戳破一件事情，尤其是一个人做错的地方或一些不好的心态，我总是可以清清楚楚、直截了当地把它描述出来。这种能力，如果我带着爱去做，一点问题都没有。但是，如果我情绪不好，或是受到伤害的时候，它就可能变成我攻击对方的利器。

　　以前我有个伴侣，睡眠不好，跟他在一起的时候，出去旅游，我们尽量睡两张床，这样我翻身的时候就不会打扰到他。有的时候，我们去住民宿，房间里就只有一张大床，没有办法分床睡，这时我就会跟民宿老板说："可不可以给我一张床垫，我睡在地上。"很多人替我觉得委屈，可是我自己并不觉得，因为我以前的那个伴侣个子高大，那么大的床，当然给他睡。床垫比较小，当然适合我睡，我并不介意睡在地上。

所以，我虽然嘴巴厉害，但在生活层面以及两个人的互动上，一直都有很大的让步空间。去哪里度假，去什么餐馆吃饭，什么时候出发，出去玩多少天，我通常都是和对方有商有量，没有很强烈的意见和主张。但是，因为我平常说话常常会不由自主地表现出强势的一面（因为注重效率，说话方式也比较犀利），所以别人会觉得我是一个强势的女人。

面对亲密的伴侣，如果发生龃龉，出现冲突，我也会说一些不适当的狠话，可实际上我是做不到的。对方一看就知道我只是个纸老虎，是个只会说狠话、不会做狠事的人。所以，他绝对不会去改变自己，而且会变本加厉去放纵他的本性。最后，两个人势必走上分手的道路。这是我在亲密关系上一再受挫之后，痛定思痛检讨出来的教训。

像我这样的人，要学习的就是不要强势地去说话，至少生气的时候一定要闭嘴。

我常常说，只要跟我相处十分钟，别人就可以把我所有的缺点全都看完，可是我的很多优点，却需要别人慢慢地去发掘和体会。像我这样的人可能会比较吃亏，因为很多人看到我说话比较强势，又自信笃定，就有点害怕，不想跟我深交。即便是朋友或是关系亲密的伴侣，也会因此常常觉得受伤。但是实际上，我为他们付出得非常多，也非常包容他们，但就是因为说话强势，嘴巴比较厉害，吃了很多亏。

我可不可以不要表现得那么强势、不要说狠话呢？这些年来，我不断地修炼自己，常常写好微信但先不发出去，第二天看一下，没什么不妥再发给对方，或是换一种表达方式再发给对方。好好沟通，方法大家都会，但是情绪上来的时候，我们就什么招数都忘了，只想出气、只想伤害，那样我们就会吃大亏。不过，在需要给自己划定界限的时候，我们还是需要用行动去表达出来。换句话说，我们要忍住一时之气，嘴上不说，但在行动上，我们还是要去做我们应该做的事。

比如，如果你觉得每个周末都要跟老公回去看公公婆婆，是令你非常抓狂、挫败的一件事情，可是你又不敢说不去，这个时候你不妨试着轻松地跟老公说："这个周末我要跟闺密出去玩，所以没有办法回去看你父母了，你代我问他们好，下周我再回去看他们。"一开始，你老公可能会不高兴，你公公婆婆也可能会不高兴，下次回去的时候，他们甚至可能还会给你脸色看。想想这些，你可能就会感到害怕。但是，如果你只是在做自己，就算你老公不高兴，你也不要觉得理亏，你不理他，走开就好了。下一次回公婆家的时候，他们如果给你脸色看，你也安安心心做自己，不看他们的脸色。然后再下一周，你还是不回去。这么做就是要让他们知道，这是你的权利，你没有必要把自己的每个周末都花在去陪伴他们这件事上，因为你并不喜欢。

如果你觉得自己没有什么朋友，每个周末都好期待回去陪公婆，那你当然可以那么做了。如果你们双方是有矛盾的，那我就建议你心安理得地做自己，因为只有心安理得地做自己、让自己快乐的时候，我们才能给周围的人展现出最好的自己，给予他们最好的陪伴。否则，长此以往，这种关系总有一天会因为一点小事而点燃你累积多年的情绪，或是让你生病，何必呢？

希望大家能够在心里找到那片乐土，能够让你在那里心安理得地做自己。

记住，可以坚定地为自己划清界限，但是不要说狠话。

如何缓解人际关系中让你不舒服的情绪？

　　我常常一个人旅行，坐飞机的时候，时常被要求跟别人换座位，因为有夫妻或者情侣、朋友想要坐在一起。通常我都是保留靠窗的座位，如果跟别人换座位的话，有时可能就要坐靠走道的位子。有一次从南极回来，飞了三十个小时，已经很累了，我希望能够靠着窗好好休息一下。可是面对别人换座的要求时，我还是答应了。

　　我这么做，别人也许会觉得是因为我很善良。其实不是，我答应换座的主要原因是，我觉得当你欠缺什么的时候，你就要给出去什么，你给别人祝福，那个祝福终究会回到你自己身上。我现在是单身，形单影只，看到别的夫妻想要坐在一起，我就让他们达成心愿，而这个祝福别人成双成对的能量，我相信也会回到我自己身上。因此，我做这件事情的时候是心甘情愿的。

我之前经常谈到一些受害者模式，有这种心理模式的人，没有办法直起腰杆来为自己发声，维护自己的权益，他们总觉得别人伤害了他们。其实并没有人伤害他们，是他们自己让自己变成了受害者。通常受害者没有办法吞下自己的委屈，所以他必须找一个人去责怪、发泄，于是他们又把自己变成了迫害者。不管是受害者，还是迫害者，都不是好的角色，扮演起来都很痛苦。我觉得大家在生活当中，可以去看一看，哪些事情你在做的时候并不是心甘情愿的，但是你又没有办法拒绝，你因此陷入两难的状况，觉得很难受，想找一个人来出气、来投诉、来发泄。

我希望在我们的生命当中，如果遇到类似情形，我们能够找另外一种方式来纾解自己的心情。比如换座位，要是你不想换，你就心安理得地坐在那里，不要觉得愧疚。如果你觉得愧疚，你就好好地跟自己的愧疚待在一起，不用做自己不想做的事情；要是你换了，那就祝福对方，同时想象你给对方的祝福和你做出的让步，会变成一个更大的福气回到你自己身上。

我们可以用各种不同的思维方式来改变自己的看法和行为。这样我们做事情的时候就不会觉得碍手碍脚，觉得受到了捆绑，不是心甘情愿地去做事情，做了以后又不高兴。如果我们觉得自己真的不想去做这件事情，那么我们就好好地跟自己内在可能会升起的自责和羞愧待在一起，不要勉强自己去做。

所以，如果要做，你就心甘情愿地去做，找一个改变思维模式的方式，让自己能够自圆其说、心安理得地去做那件事情，把自己内在的委屈消化掉。我觉得这对我们的生活质量来说，也是非常重要的，同时也能够成为我们人际关系的润滑剂，让我们的人际关系变得更好。

我看过一篇文章，说哈佛大学曾花了大概七十年时间跟踪调查了一批人，看这些人平常生活中的喜悦程度与他们在职业生涯中成功与否以及赚取了多少金钱是否有关。研究发现，人际关系比较好的人，他的生活质量比较高，他快乐的程度也比较高，同时他挣的钱也比较多，事业也比较成功。最重要的一点就是，他的健康状况也比较好。所以，我们怎样把人际关系处好是非常重要的。

我最近觉得，真正的修行其实不是一定要去做那些宗教或是仪式上的修持。虽然那些修持很有帮助，可以给我们的心灵带来一些慰藉，提升我们的能量，安抚我们躁动不安、不甘的心，但是我觉得真正的修行还是要落实在生活当中。

当我们跟任何人产生冲突、处得不愉快的时候，我们能不能从中看到自己的情绪模式和习惯？即使对方确实有错，我们一定也有可以改进的地方。像那些受害者，他们看到的都不是自己的问题，只看到了对方的错误，他们没有能力把眼光收回来看自己。所以，我希望有心要获得个人成长的朋友们，能够至少有这个能力，在与人发生冲突之后，把目光收回来，看看自己：到底我有什么样的信念、习惯在作祟，到底我有什么样的情绪模式在发作，而因为我无法和这种情绪共处，就使我产生了这样的行为，造成了这样的结果。如果我们能够有这样的反思过程，我们的人际关系就一定会越来越好。

学会保持内在的喜悦与和平

印度萨古鲁老师曾说，我们在个人成长的道路上，要对自己的痛苦有所觉知。我认为所谓"对自己的痛苦有所觉知"，就是你能知道这个痛苦是来自自身，而不是由其他人造成的。

也许我们都会觉得是由于这个人、这个情境、这件事让我们遭受痛苦。可是，我觉得最好的方式还是去看见——这些痛苦是我们本身内在的一些信念系统或是一些错误的模式运作造成的。在个人成长上，萨古鲁老师说，他希望我们最终能够做到的是——无论外在的情况怎么样，我们内在的喜悦、和平都不会被夺走。

为什么很多人都想要去天堂，因为他们认为天堂不会让他们受苦。可是事实上，他们还是会受苦，因为他们还是被锁链（对天堂的依赖和执着）绑着，只能在某种条件下才能快乐。即便去了天堂，他们还是会不快乐。无论在什么情况下，我们都有能力快乐。很多人会问："这怎么可能呢，在天堂里我可以是快乐的，但如果在地狱里，我怎么可能快乐呢？"

20世纪有一个很伟大的意义治疗大师，叫弗兰克。他在纳粹集中营里度过了一段非常恐怖的时间，但是他非但没有怨恨，反而对人类的心灵力量有了很大的体悟。

他认为在纳粹集中营里，他们可以夺走他的食物、他的衣服，可以夺走他的睡眠、他的尊严，但是，他们永远没有办法夺走他的内在，他可以永远维持一个喜悦的状态。这真的是非常伟大的一个体悟，他整个人几乎就是因为这样而从集中营的残酷生活中解脱。离开集中营后，他致力于帮助人们了解自己存在的意义。他一直活到八十多岁离世，可见集中营生活对他身体的摧残并没有真正影响他的健康。

我知道做到这点非常困难，但是，我们可以从第一步开始做起，就是先要知道在我们的生命当中，究竟是什么东西锁住了我们。事实上，锁住我们、让我们无法自由解脱的东西，永远不是外在的情境，而是内在的模式。

比如，你觉得没钱这件事让你很痛苦，我就鼓励你在没有钱的情况下，尽量让自己过得快乐。你去改变自己的心态也好，在生活中寻找小确幸也好，你的确可以把自己的心灵调整到让自己在没有钱的状况下也能够快乐的境界。亲爱的，如果你能够做到的话，你的内在力量就增强了，你想要的金钱也可能会随之而来。如果你是因为贫穷而痛苦，要让你在贫穷的状况下走出来，变得很快乐，我知道是不容易的。这当中需要很多疗愈方法的协助，你才能够最终去创造自己的生命奇迹。但这样做最大的好处就是，确保你在什么情境之下都能够快乐。因为如果没有钱时不快乐，那么有了钱以后，你的不快乐可能还是会持续，因为这个"不快乐"已经成为你的情绪习惯了。有了钱之后，你一定会有新的烦恼，能找到新的借口来让自己不快乐。

如果你是因为没有一个亲密伴侣而感到痛苦孤单，那你就要试着在这种情况下，让自己活得更精彩，即便独自一人，也活得开开心心的。这个时候，适合你的亲密伴侣可能就会出现。或者说，亲密伴侣出现之后，你们两个人才能过得快乐。越是依赖亲密关系给自己安全感和意义感的人，拥有亲密关系之后，反而越容易失望，亲密关系越容易出现问题。

还有一点就是，永远不要相信记忆告诉我们的，因为我们的记忆非常不靠谱，常常会被扭曲。我们的记忆总是会告诉我们，以前的日子有多美好。比如，我就很怀念小时候过春节。那时候家里没有钱，平日买不起好吃的东西，买不了好看的衣服，只有在过春节的时候，我才能有新鞋和新衣。刚买来的时候还不能穿，要等到大年初一早上才能穿。所以，大年初一的清晨，我总是带着特别兴奋的心情起床，内心开心不已。可是，这个"开心"其实是有一个"穷困"作为背景的。

我们常常会有一种错觉，认为小时候好像比较开心。其实不是的，只是我们脑子里记得的过去比较美好，而觉得现在比较痛苦。所以不要被记忆所骗，要知道，未来我们是可以创造更美好的情境的，尤其是当下，如果我们能够在这当下回归自己的内心，跟自己好好地待在一起，不受外界干扰，那么此刻就是我们生命中最好的时刻。所以，真正的解脱、自由、快乐，就是不让任何人、事、物把这些东西从你的内在夺走。

即使不是每个人都能够百分之百地做到，但至少在大部分情境下，我们要试着做到不被外界所动。无论外界发生了什么事情，我们都能够沉着应对，维持自己内在的喜悦，这是我们可以努力的目标。

04

不再做受害者

这要求我们必须自己做出改变，而不是我们做些什么去改变别人或是去修正事情。我希望你能够静下心来，去看一下我们在生命当中什么时候是受害者，在这个受害者情境里，我们该如何承担起我们该负的责任。这样，我们最终就能走出受害者情结。

有的人 35 岁就死了，只是到 85 岁才被埋葬

我们经常开玩笑地说，有的人 35 岁的时候就已经死了，可是到 85 岁才被埋葬。在生活当中，我常常碰到这种人，他们就像身体的某一部分已经死去一样，活得非常沉闷，没有生命力。

他们可能在三十多岁的时候，受够了外界的刺激、影响、压力，就把那个部分打包压缩、冷冻，就像那个部分死了一样，而后采用一种安全模式去生活，而不是每天生活在愉悦的感受里，活出真正的自己。这是一种常见的"死法"。

还有一种"死法"——有些人每天很努力地工作，很努力地生活，可是他的生活和他的工作方式，对待人、事、物的方式，却是一成不变的。当然，我不是说一成不变不好，而是说，如果我们做人做事的方式碰到了挫折，就一定要懂得变通，不能一成不变，企图逃避自己

的问题，不去面对。

现在这个互联网时代，一年的时间相当于以前大概五年的时间。世界变化很快，如果我们一成不变地过日子，那是不是相当于我们某些部分已经死了？就像一个机器人，每天过着沉闷、单调的生活。然后我们就会说："我的工作太无聊了，我不享受我的生活""我的婚姻太无趣了，老夫老妻真没有意思"，或者说："我不知道未来该做什么，人活着到底有什么意义"……

比如你和朋友去迪士尼乐园玩，朋友玩过之后说："我来这里干吗呀？好没有意思，我的目的是什么？"如果是这种态度的话，那就表示他根本没有好好去玩那些项目。任何有童心的人进了迪士尼乐园，都会玩得很开心。

我们的地球也像一个乐园，它其实有很多乐趣等待你去开发，穷人有穷人的玩法，富人有富人的玩法。地球资源那么丰富，有那么多好玩的东西，每天都有新鲜的事物冒出来。你有没有好好地利用你一天 24 小时的时间，有没有好好掌控你目前这个能走、能跳、能跑的行动自如的身体，去体验你的人生呢？不管你现在是几岁，你能不能充分运用你从生下来到现在所学到的知识，以及你周围的人脉、朋友，好好地去利用你的生命资源，享受你的生活，享受这个世界为你带来的这么丰盛的东西呢？

我想很多人都没有做到，他们只是一成不变地过着一个相对来说没有目标的日子。时间久了，他们自然会抑郁，自然就会觉得"我来这里干吗呢？人生真是没有意义"。

生命的目的是什么？我为什么要来到这个世界？为什么这么多成年人好像某些部分已经死去，或是用一成不变的方式在过日子呢？

亲爱的，这都是因为我们小时候受了太多的限制。当父母告诉我们，我们就是这样的人，或是我们不可以做这样那样的事情的时候，作为孩童，我们像一张白纸，几乎是毫无反抗地接纳了周围的人，尤其是父母灌输给我们的观念，我们自己没有去好好思考。

同时，我们自身也认为自己受到了限制。很多人觉得我没钱就不能做这个，我要挣钱就没有时间做那个。那么，我们究竟能不能挑战自己去做到那些呢？有些人在极限的状况下，依然活得那么光辉灿烂。对此，我很喜欢举的例子，就是大家都知道的一个世界知名的励志人物——澳大利亚的尼克·胡哲。

尼克·胡哲生下来就没手没脚，可是他不但娶了漂亮的妻子，生了两个孩子，还能上山下海、打高尔夫球、潜水。你想想，他人生的初始剧本是多么糟糕，可是他却把它发挥得淋漓尽致，活得那么生动丰富。所以在唤醒阶段，我们真的要看到自己哪些部分已经死了，你那些既定的观念并没有带给你好处，反而限制了你的发展，让你从来不敢去挑战新事物。是哪些观念在限制你呢？你能不能看到呢？

我们每个人都可以突破童年的限制，去激发自己的生命潜能，活出最好版本的自己。我们必须安静下来，贴近自己的内心，闭上眼睛，安静地坐在这里，好好地陪伴自己一会儿，看看自己内在有哪些恐惧，有哪些自我限制的观念，让我们不能去享受人生，不能好好享受生而为人的乐趣。

拥抱你的内在小孩

在唤醒阶段，我们还应该看到什么？一个重要的点是关于我们的内在小孩。虽然很多心理学家质疑并没有什么内在小孩，可是我个人觉得，我们内在的确是有一些没有疗愈的伤口，有一些童年时期留下来的退化行为，形成了一股负面能量和意识，我把它们统称为"内在小孩"。

我自己的确感觉到，当我面对一些让我比较挫败的人或事的时候，那个孩子气的赌气状况就会出现，会生气、不服输，或是跟别人吵架，非常想"赢"或是证明自己"对"。你们是不是也会这样呢？

其实你仔细去听、去看，每个在气头上吵架的人，以及双方进行没有建设性的无谓争论的时候，几乎没有一个人不像小孩子的。每个人都是在孩子的状态之下跟对方争论，争论的要点还不是这个道理是怎么样的，而是你对我错、我对你错、你我有没有面子之类的。尤其是在亲密关系上，双方完全就像小孩子在玩过家家一样吵架。所以，某些生活情境的确会让我们变成小孩的样子。比如恋爱的时候，我们很多人都会称呼对方 baby（宝贝）、sweetheart（甜心）之类的，讲话也都会变成小孩子哆哆的撒娇的样子，这是恋爱中最让人觉得甜蜜温馨的地方。

为什么现在的成年人越来越不会谈恋爱了呢？因为他们越来越没有能力回到孩子的天真状态。孩子的状态其实没有什么不好，但是需要你要好好地运用它。因为它是一体两面的，有好的一面，也有不好的一面。比如，我就是一个非常孩子气的人，虽然五十多岁了，可是有的时候，我还是天真得跟小孩子一样，碰到喜欢的事情，我会很兴奋。这也让我常葆青春，看起来年轻。

我希望能够唤醒自己内在那个纯洁的、天真的、愿意信任别人的孩童部分。

至于内在小孩不好的部分，是因为它没有办法创造一个双赢的状态，任何事情侵犯到它的权益，跟它发生冲突的时候，它就会变得不理性，情绪就出来了，这时就需要我们去看见和疗愈。

在不需要伪装自己的人面前，尤其是面对亲近的人，我们就会把内在小孩不好的这个能量展现出来。

所以在生活当中，我们要看看自己究竟是生活在一个天真快乐的

小孩状态呢，还是生活在一个赌气的、不讲理的、只想争输赢的小孩
状态。尤其是跟我们爱的人吵架的时候，后者是最容易显现出来的。

　　另外，很多人说我们要理性。成人的确可以以理性的态度处理很
多事情。对于生活的方方面面，我们也的确应该用比较理性的态度去
面对。所谓理性的态度，就是处理事情的方式对你是有利的，对对方
也是有利的，可以创造双赢的局面。

如果你问我："德芬老师，我们做事情难道不都是为了自己的利益吗？怎么会做出不利于自己的事情呢？"这还真不一定，因为有时候我们会为了赌气，宁可损伤自己的利益，两败俱伤，也要让对方"好看"——生活中有太多这类例子了。所以，对待生活我们要理性，看待生命就必须感性。从更高层面、更宽视野去看待我们的生命，就不会局限在这一生狭窄的范围里。

如果我们总是忙忙碌碌的，眼光永远都是向外看，向外抓取东西来让自己快乐，而外在的情况，我们永远没有办法完全掌握，于是我们就会很焦虑、很抓狂。我们眼睛能看到的事物，其实只是我们真实生命中一个小小的部分而已。

我个人很喜欢一首英文歌，也是讲内在小孩的，它的歌词翻译过来是："怎么可能有人告诉你，你不够美丽；怎么可能有人告诉你，你不够完整；怎么可能有人看不见，你的爱是一个奇迹，你和我的灵魂是如此紧密地相连。"我们和自己的内在小孩，就是这样的关系。

让我们都去感受一下自己的内在小孩吧，看到那个脆弱的，渴望爱、渴望拥抱、渴望陪伴的孩子，是多么天真、可爱和无辜，好好地给他一个拥抱吧。当他被看见，受到安抚之后，你就不会意气用事，造成双输的局面了。

你有受害者情结吗？

　　我们每个人在面临一些挑战、冲击以及面对我们不喜欢的人、事、物时，常常会陷入一种受害者情结。这一点理解起来比较容易，因为我们小时候都是软弱无力的，本来就是一个可怜的受害者。

　　在我们小时候，发生在我们身上的那些不好的事情都可以归因于我们的照顾者没有把我们照顾好。人类是在出生之后为维持生命，需要被照顾的时间最长久的动物。有些动物生下来脱离母亲还能存活，但人类不行。但现在我们长大了，有能力去照顾自己，维护自己的权益，甚至去照顾从前没有把我们照顾好的人，不管他们是我们的爷爷奶奶、姥姥姥爷，还是爸爸妈妈。但是，因为承袭了小时候的一些习惯，我们还是不自觉地喜欢做一个受害者。

　　受害者有什么表现呢？作为受害者，我们会不断地去责怪别人，觉得自己很可怜，认为所有的错都是别人的。其实，真正的受害者，内心通常是非常自责的，有时候他甚至觉得是因为自己不够好，才引来这些虐待的。所以，我们先要看到自己的受害者情结，才能够走出这个情结，才会累积更多的内在力量。

怎样才能从受害者情结中走出来呢？首先就是要去看见，有些人遇到挫折、纠纷、冲突的时候，从来不检讨自己，总觉得都是别人的错，都是情势所逼，即使知道是自己的错，承认自己自卑、不够成熟，他也会辩解：这不是我的错，由于小时候父母怎样怎样，才导致我会有这种自卑的感受。这其实就是没有对自己负起责任。

我碰到冲突或者不愉快的事情的时候，当然也会有一些情绪反应，也会责怪对方，觉得对方怎么这么不讲理，这么幼稚、不成熟，这么不能承担责任、不体贴，这么算计、不细心……反正很多很多负面的词，我都会往对方身上贴。

可是冲突之后，我都会思考：我下次怎么做可以避免出现这样的冲突呢？避免冲突，并不是说避开这样的人，因为世界上什么样的人都有，你避不开的。真正有效的做法是，我会思考下次面对同样的状况，我如何更有力量地去应对。所以，我不会成为一个受害者。

我每次遭受的挫折、痛苦，最后都会成为滋养我成长的养料，因为当我把自己的情绪宣泄了以后，比如该骂的就骂出来，该生气的时候就表现出来，该抱怨投诉的就去抱怨投诉。完事之后，我都会检讨自己，是我哪里不够强大；是我应对的方式不对；是我太着急了，没有耐心，太频繁去催促人家了；是我太急于想把这件事情做成，我有贪念，才会导致这种结果。

比如在亲密关系中，我需要对方认可我、喜欢我，我希望他为我体贴细心地付出，可是对方竟然都没有想到这些，更没有做到。这个时候，我会把责任放回到自己身上，去看看我将来在这方面如何能够做得更好，怎么样能够成长，怎么样让我的这些心理需要能够在生活当中去寻求满足，而不是依靠别人来获得满足。

在日常生活当中，大家可以去检视一下自己的这个受害者情结。受害者情结一个最显著的特征就是习惯性地责怪别人。我也会责怪别人，只是当我责怪别人的时候，总有个警报提醒自己说："受害者出来了，开始责怪别人了。"

那么接下来，你该怎么做呢？责怪对方——也许你骂了他，也许你跟别人投诉他，甚至做一些事情报复他。但是做完之后，你要安静下来进行反思，对自己说："在这件事情上，我要负的责任是什么呢？如果同样的事发生在别人身上，那个人会跟我是一样的反应吗？他会把事情弄成这个样子吗？我下次如何做得更好，有什么更好的应对方式？我内在有什么缺失需要我去修缮？"

我们每个人都想要快乐和幸福，可是几乎没有人想要改变自己。但是，我们一定要在行为上、观念上、思想上做出一些改变，才能够让自己从不喜欢的状况变成喜欢的状况。也就是说，从冲突的、悲伤的、痛苦的、哀怨的、不愉快的情境，转变成幸福的、喜悦的、正向的情境。

这要求我们必须自己做出改变，而不是我们做些什么去改变别人或是去修正事情。让自己静下心来，去看一下我们在生命当中什么时候在做受害者，在这个受害者情境里，我们该如何承担起我们该负的责任。这样，我们最终就能走出受害者情结。

走出受害者情结，不是一两天可以完成的事情，可能你先要从很多小事上开始练手，慢慢累积你的功力，加强你对事情承担责任的能力。终有一日你会发现，你身上的枷锁已经无声地脱落了。

改变你自己可以改变的部分

大家都知道，去南极旅游的费用是很高的，需要十几万元人民币。在一次南极旅行中，旅行团里有一个年轻女孩儿，上了船之后，她就整天把自己关在房间里，因为她晕船比较厉害，经常呕吐。在旅行中，我们有时会离开船，坐冲锋艇去登岸、去巡岛，欣赏岛上风光，但她都很少参与。整个旅行中，这种游览活动前后共安排了十几次，她只参加了几次。

其实刚上船没多久，她就发现自己不想继续这个旅程，一直打听有没有飞机可以飞回去。主办单位说这是不可能的，上了船就没有办法离开，必须在船上待十几天，直到旅行结束。她就说："真没有想到我把自己带到了地狱。"

后来我跟她聊天，了解到这次旅行其实是她的一种自我放逐。她觉得在目前所在的城市里生活得不开心，而且生活中也有一些事件让她觉得为难、烦恼，于是就把自己放逐到南极自我惩罚，看自己会不会好一点。

这种思维模式真的非常奇怪，对待自己的方式也很奇怪。看到这样的人，我们就知道，她是心甘情愿让自己做一个受害者，没有好好把握自己的生命资源，让自己活得更好。结果就是：我们其他人都惊叹南极实在是太美了，像是到了天堂；她却觉得自己是在地狱里。

我以前有个朋友，有一次我到他家找他，准备跟他一起出去吃饭。我说："哎呀，我很饿很饿，我们赶快走吧，去吃饭。"他虽然跟我一起去了，可是一路上，脸色都臭臭的很不好看。我就问他怎么了，他说："你要来的时候我正准备上大号，结果你说你很饿，我就跟你出来吃饭了。"

我知道他这个人平常便秘比较厉害，一有便意，就要马上去蹲厕所，而且不能有任何时间上的压力，必须舒舒服服地至少坐十五分钟，他才能够顺利地"完成任务"。当时因为看我急着去吃饭，他只好忍着便意跟我走了，但是又摆着张臭脸。我就跟他说："你上厕所当然是最大的事了，你跟我讲，我可以忍着饿。再说，你家也有一些零食，我随便吃点儿先挡挡饿也行。你可以告诉我呀，不用这样摆一个晚上的臭脸。"

他这种人，明明可以说出他的需要，但是他偏不说，还因为自己的需求没得到满足而觉得受了委屈，摆出一张臭脸。当然，后来我就没有跟他继续相处下去了。

另一种情形是来自我父亲和母亲。我每次回家，每次跟他们两个人坐在一起说话时，我爸爸都会生气地骂我妈妈说："每次我讲话你都要插嘴！"因为我爸跟我说话的时候，讲话速度很慢，能量也比较弱，然后我妈妈就会急着插嘴进来，因为她有事情就要赶紧说，不及时说的话就会忘记。

我跟我爸说："没关系的，你跟我讲话的时候如果妈妈插嘴，我会继续听你说话，我不会听她的，所以你不要管她，继续说下去就好了。"可是他就是没有办法接受，他说："我在说话，别人一插嘴，我就不想说了。"

我说："那你不想说就不要说，不要生气，也不要抱怨。我听你说了一百多次，每次都是埋怨妈妈在你说话的时候插嘴，你可以不理会她呀。"可是我父亲就是执意不改，觉得这都是母亲的错，所以我每次回家都会看到他们起冲突。

举了这几个例子，我其实是希望大家能够对号入座，看一下自己是不是也有这种自我牺牲的受害者情结。这其实是很不健康的，你周围的朋友会因此受伤，你的家人也会不开心。所以，你要是觉察到自己有这样的倾向，就做一些自我修正，放弃自己非要怎么样或非要不怎么样的坚持。

　　如果你身边有这样的人，能远离就远离，如果不能远离，你就只能每次都清楚地告诉他："你看，你又在扮演受害者角色了，你管好你自己，改变你自己可以改变的部分就可以了。期待别人改变，其实是一件旷日累时且徒劳无功的事情。"

别让愧疚感控制你的生活

我们很多人从小时候起就沿袭下来一种感受——羞愧与自责。

很多人面对事情的时候喜欢对号入座，认为都是自己的错，然后就会自责。有时候，自责多了，受到严重的内伤，该怎么办呢？很多人就选择把它投射出去，丢在别人身上，变成都是别人的错。

因为我们自己受够了这些责骂、责罚，所以不如去责怪别人，这样我们会觉得安心一点。但是，如果你事事都责怪别人，把不属于别人的责任丢到别人身上，会发生什么呢？结果可能是你各方面的人际关系都会有点紧张。

我发现很多人，尤其是男人，不要看他们外表雄赳赳气昂昂的，其实，很多都是接受不了任何责怪的。为什么？因为你不责怪他，他自己都要对号入座，觉得愧疚，更何况你责怪他呢！

为什么会有这种状况？其实原因很简单，我们的父母在我们小的时候，会用很多手段来控制我们。但我们不要去责怪他们，因为他们自己也没有长大——内在没有长大，还是个孩子，所以他们不知道怎么教育小孩。基于不安全感，基于恐惧，基于控制欲，他们必须用各种方式来控制我们。

有的是用高压手段，以很严厉的批评和责罚来控制我们；有的是用比较软的方式，就是用愧疚感来控制我们，跟我们说："妈妈一个人把你养大很不容易，你看看你爸爸那个德行。"或者说："你看父母这么辛苦，送你上这么好的学校，你还这么不努力读书……"

很多父母喜欢用这种方式来让我们觉得愧疚，让我们自责。还有的会拿我们跟邻居家的孩子、跟亲戚朋友家的孩子比较，让我们自觉羞愧。"你看人家孩子都这么好，你怎么做不到呢？我们作为你的父母觉得很丢脸，你知道吗？"

这真的是对孩子的一个特别残忍的精神虐待，我们很多人就因此不自觉地养成了对号入座的习惯，习惯性自责、羞愧。我自己在养育孩子的过程中，有时候也会不自觉地这么做，因为我的父母在我小时候也是这么对我的。

我有两个孩子，一儿一女。对于我让他们感受愧疚，好控制他们的这个技巧、手段，儿子就会"买单"，这个技巧在他身上运用得很好，因为他天生的个性是比较在乎别人的；而女儿天生个性是比较自我的，所以这个技巧在她身上就无法发挥。有时候，当我发现我在用这个方式控制我儿子时，我会自己叫停："停下来，不可以这样。"

在生活当中，我看到很多人动不动就觉得愧疚，动不动就觉得自责，但是在你真的指责他的时候，他又会暴跳如雷、大发雷霆，因为他承受不了这些东西，承受不了自己内在的自责，然后就反过来责怪你。

如何解决这个矛盾呢？方法就是——

1. 不要把它复制在孩子身上，这是最要不得的。不仅是孩子，我们有时候和别人相处，只要知道这个人常常感到愧疚，我们就难免说一些话去控制他，让他觉得愧疚，以便达到我们的目的。在亲密关系、闺密关系、朋友关系里，我们也会用这种方式来获取我们想要的东西。我们应该稍微有点节制，这种手段用多了，对方承受不起，我们的人际关系就会陷入紧张状态。

2. 当我们自己产生愧疚感的时候，要怎么承受呢？小时候，我们没有那么多见识，内在没有那么多空间可以去感受、包容愧疚、自责的情绪，所以长大以后，我们看到这个情绪就会逃避。现在我们已经成熟了，已经有足够的见识、足够的内在空间去包容自己感受到的愧疚、自责。

刚开始包容自己愧疚、自责的情绪的时候，你心理上一定是不舒服的，因为你从来没有好好地跟它在一起待过。如果你常常被羞愧、自责的情绪追着跑，你的生活质量是会受到限制的，是会打折的，而且常常需要去做一些自己不喜欢的事情来弥补，也就是我常说的补偿行为。

请你回想一下，你上一次感觉到羞愧是什么时候，那种自责，心隐隐作痛，好像被一根无形的鞭子抽打的感觉因何而起。你再去设想一下，如果你允许这个感受暂留在你的心里，你好好地与它共处一会儿，那会是什么样的情景？你可不可能做到呢？如果你还是觉得非常不舒服，感觉害怕的话，你可以呼唤光、呼唤宇宙的最高力量来帮助你。你也可以想象自己过往生命当中一些美好的片段，想象你得到别人的谅解、关怀和爱的那种感觉，在此刻把它们唤醒，带进你的心里，去平衡那种羞愧的感受。

你知道自己感觉到了羞愧，但是你也知道自己不需要采取任何行动，只需要好好地跟它待在一起。当你能够跟你的羞愧、自责完全停留在此刻，待在一起的时候，你回头再看那些让你感到羞愧的人、事、物，就会找到更好的方法去面对。因为那时你的内在没有了斗争，智慧油然而生，从而让你能够选择最好的方式去应对那些让你感到羞愧的人、事、物。

亲爱的，试试看吧。

好 的 爱 情 ， 要 有 敢 要 的 底 气

PART 2 —————————— 疗愈

"学习跟自己的负面情绪同在，不去逃避、不去转移、不去否认，老老实实地待在当下，因为在那个负面情绪当中，隐藏着一个非常棒的礼物，那就是我们真实的自己。只要我们勇敢穿越，就能够感受到'真实的自己'的那种平静和喜悦。"

我是在十多年前克里斯多福·孟老师的课堂上，听到上述这些话的。最近我又跑去看克里斯多福老师，顺便在他的课堂里坐了一会儿，他还是在讲这些。虽然是同样的话，可是在我听来已经完全是不一样的感觉了。因为在十多年前，我的状况是被逼到了悬崖边上，被逼到了墙角，无处可逃；而这次听他讲课，我真正理解了什么叫作"穿越负面情绪"。

当你到了隧道另一端的时候，你才发现有一个很美的礼物等在那里，那就是真实的自己。那个时候的自由和力量释放的感觉，和眼下处于隧道这端的自己的感觉是截然不同的。所以，在疗愈阶段的课程当中，我想跟大家分享我这么多年来在各种关系上所做的疗愈，相信可以给大家一些借鉴，让大家知道这是一个必经的过程，以及这个过程大概是什么样子的。当你经历这些过程之后，你就有能力跟自己的负面情绪相处了。

疗愈阶段，我们会谈到以下几部分内容。

第一部分是我们跟金钱的关系。我自己跟金钱的关系一开始也不是特别顺畅，但是我那时会参与一些关于金钱信念的课程，也不断地检视自己在金钱方面的信念。当我慢慢地从不够顺畅的金钱关系中走出来的时候，我发现只要我不为钱烦恼，它就不会来烦扰我，这是一条铁律。

第二部分就是我们和父母的关系。我们和父母的关系是非常重要的，我们所有的能量，包括男性的能量、女性的能量，都是来自父亲和母亲。所以，如果和父母的关系有障碍的话，我们在生命历程中一定会把这个问题暴露出来，也许是在亲密关系上，也许是在金钱关系上，也许是在身心健康上，也许是在亲子关系上。总之，我们和父母的关系一定要去修复。我和父母的关系的修复过程其实非常漫长，我有很多这方面的宝贵经验可以和大家分享。

第三部分是亲子关系。我有两个孩子，他们是我很好的老师。刚开始的时候，我们之间的关系不太顺畅，我会不自觉地把父母对待我的方式运用在他们身上，同时也会把自己的恐惧投射在他们身上，处处限制他们。当孩子表现不好的时候，我也会感到恐惧，觉得自己不是一个好妈妈。所以，这一路走过来也并不容易。但是最终，我放弃了对孩子的控制和恐惧，跟他们成了好朋友。

第四部分，是重头戏，也是我最弱的一环——亲密关系。历年来，我的前任们在我的生命中扮演着重要的角色，让我能够走过唤醒、疗愈、创造之路。现在我孑然一身，仍然觉得我从亲密关系中学到了很多宝贵的经验，这些是我在别的关系层面没有办法学到的。

对于每个人来说，这重要的四个关系——与金钱的关系、与父母的关系、亲子关系、亲密关系，每个关系在自己生命中所占的比重都是不一样的。

接下来我会跟大家分享我自己一路走过来的自我疗愈过程，分别从金钱、父母、亲子和亲密关系这四个方面来进行讲述，希望你也能自我反思，看看在这几个方面，你的成就感有多少，你觉得自己的表现如何，你与各方面关系的紧张程度怎么样。

接下来，我们就要开始疗愈之旅了。

01

疗愈与金钱的关系

　　想尽情地去挥洒我们的生命也需要雄厚的资本，除了时间、精力之外，金钱也是需要考虑的必要元素。如果看到我们自己内在有不配得的感觉，或是厌恶金钱的感觉——任何想到金钱就会产生的负面思想以及感受，我们都要去穿越它。

如何疗愈与金钱的关系？

在有能力疗愈自己之前，我们一定要将心打开，愿意去接受疗愈。这就是为什么我前面用了不止三分之一的篇幅跟大家谈怎么唤醒自己。唤醒的主要目的并不是要告诉你，你现在的生命状况都是你自己造成的，所以你应该要怎样，而是希望你看到，既然我们有能力把我们的生命情境变成现在这个样子，那我们也有能力把它变成另外一种样子，一切取决于我们到底有多少意愿去改变它。

我们主要从四个方面促成改变：第一个是身体，第二个是心智，第三个是情绪，第四个是能量。在这本书中，我用了很多篇幅分享我自己的心路历程，帮助你建立一些正知正见。面对情绪唯一的方法，就是与它同在，看清它的真相，看清楚那个时时刻刻抓着你不放的、那种梦魇般的情绪究竟是什么，并且愿意与它共处。

在身体的层面，我建议你一定要把自己的身体保护好。可能你现在才二三十岁，但现在年轻人的健康状况普遍变得越来越差了。对手机等电子产品的依赖让人们缺乏运动，眼睛也耗损得厉害，玩手机的各种不健康姿势也让我们的脊柱产生很多问题，而脊柱对我们的身体健康意义重大，所以你一定要注意自己的健康，因为身心是相连的。你身体好的话，心情也会比较好，反过来也是同样的道理。

所以，你要想有能力、有空间去面对、接纳自己的负面情绪，你的身体一定要好。平常要多去锻炼，让自己的筋骨能够舒展、经络能够疏通，多做一些锻炼心肺的运动，比如瑜伽就是相当不错的选择。

如果你能够把自己的心思、心神都带回到自己的内在以及集中在当下的呼吸上，那么你的能量就会逐渐累积。

另外，静坐、站桩等一些静功，也是比较能够累积能量的。当然，食物也能够让人累积能量。多吃健康食品，多喝水，也是维持能量以及好身体的必要条件。

关于疗愈阶段的第一个主题——与金钱的关系，我希望你能够找一个人来帮助你做一个练习，你告诉他："你什么都不用做，只要站在我的对面，感受我的能量就行了。"然后你就跟他面对面地站着——你把他当作你的金钱，用看金钱的眼光看着面前这个人。看他会展现出什么样的动作、表情、姿态，或者感受他的能量会变成什么样子。

这个练习以前我在课堂上做过，印象非常深刻。当时我看着我的

"金钱"，觉得我很爱它，它也很爱我，当我需要它的时候，它都会来到我身边。当我用充满爱和正能量的眼光看着金钱的时候，扮演金钱的那个同学真的就不自觉地、情不自禁地被我吸引过来，给我一个拥抱。而我们同组的人，有些人的"金钱"基本上是躲着他甚至被吓跑了。你很难想象是什么样的能量让金钱被吓跑，可能是对金钱的憎恶吧。还有一种人的"金钱"绵软无力，软软地瘫在地上，因为他没有获得一点关注。后来那位同学说，他的确从来不关注金钱，从不把金钱当回事。

我希望你能够好好静下心来，去感受一下你对金钱到底是什么感觉，金钱在你心中到底是好还是不好。它是一种能量吗？你跟它的关系是正向的还是逆向的呢？我希望你们在静坐中去做这种观想和反思，并且最好能够把这些观想和反思写下来。

你对金钱的信念是什么？

你有没有体会到自己对金钱有着什么样的信念？我之前说过，找一个人扮演你的金钱，两个人能量一交流，你马上就可以知道自己对金钱的信念是什么了。

对于金钱的信念，我在我儿女的身上能看到一些端倪。

我女儿从小就不太在意金钱，也没有金钱的概念，单纯得就像生活在城堡里的公主。但我儿子从小就对钱非常敏感，做什么事情、买什么东西，他都要问多少钱。比如他四五岁的时候很酷，每次照相都不笑，为了逗他笑，我们就跟他说"给你钱"，他立刻就会露着牙齿笑得非常开心。小时候他东西吃不完，我既不想浪费食物，又不想强迫他，于是就说："这两样东西你选一样吃掉。"他会问我："这两样哪个比较贵？"然后他会把贵的吃掉。

我还记得有一次我领了一些现款回家，故意拿出来给他看，他真的是"见钱眼开"，一看到那么多钱，立刻就笑得无比灿烂。所以，在金钱方面，我并不担心我儿子，虽然他有一点金钱恐惧症，害怕缺钱，可是因为他实在太喜欢钱了，真的是发自内心地喜爱，所以他的金钱运大概不会太差，钱自然而然地都会被他吸引过来。我也不担心我女儿，因为她不为钱烦恼，所以钱也不会来烦扰她。

你一定要好好想一想，自己对于金钱的信念到底是什么？十多年前，我参加了一堂课，主题是"有钱人和你想的不一样"，还有一本同名的书。对金钱特别感兴趣同时又觉得自己在金钱方面有障碍的人，可以去看一下这本书 ——《有钱人和你想的不一样》。

我当时去上了课后，觉得挺好玩。通过这堂课，我发现我对有钱人存在一些批判，总结下来就是：有钱人常常不快乐，钱越多，他们反而越不快乐；有钱人之所以有钱，是因为他们的钱很多不是经由正当途径挣来的。当我发现我对有钱人有这么多批判的时候，我吓了一大跳。我以前从来不知道，自己竟然对有钱人有这么严重的错误看法。你有没有看到过有钱人批判金钱呢？如果有，那代表他们的财富是天生注定的福报；然而，他们常常会觉得愧疚、不配得，无法好好享受金钱带来的乐趣。

我自己想了一下，我身边几乎没有憎恨有钱人的有钱人。有些有钱人可能非常小气，也有些有钱人觉得自己不配这么有钱，可是他们很少会对其他有钱人有钱这件事产生反感，甚至憎恨、埋怨他们。

我平时经常发微博，每次都可以看到众生百态，有时候随便发一条完全跟金钱无关的微博，有的网友也会联系到金钱方面，酸溜溜地说："哦，你用苹果新手机了。"有的说："又到处去玩了，这么有钱有闲。"反正就是会有这样的人。

其实每次看了这些人的评论，我心里都会为他们感到难过。因为我知道这种人是有金钱障碍的，看到别人好、别人有钱就嫉妒，甚至跟金钱一点关系也没有的事情，他们也会立刻对号入座："你有，我没有，所以我是欠缺的，我是匮乏的。"然后就滋生出一种敌意。

其实，这是一个能量的世界，如果你对金钱或者有钱人有这样的敌意，你的金钱渠道就无法贯通。另外，如果你讨厌有钱人的话，你自己怎么可能会变成有钱人呢？

我也见过那种非常小气的有钱人，他们愿意去结交有钱人，同时对贫穷的人会比较鄙视。这种行为当然是不对的，但是，如果你今天对于有钱人或者是有钱这件事情产生反感的话，你就很难把金钱的能量吸引到自己身上来。

我以前的一个朋友对金钱就有强烈的反感，因为他的父亲是一个政府官员，他小时候看到过有人带着现款过来行贿，被他爸爸拿着扫把打出去的情形。于是在他小小的心灵里，可能就埋下了金钱是肮脏的这样的想法——"爸爸不要，我也不能要"。长大以后，有一次他到赌城去赌钱，用两美元赢了一万多美元。他觉得自己非常不配得那笔钱，拿了就会倒霉。于是当天晚上，他就把赢来的这一万美元拿出来请同事吃大餐、住总统套房，全部挥霍掉了。

从他身上我们就可以看出，钱来了他反而会往外推。可是日常生活里，他内心又想追逐金钱和成就。如果他不能看到自己关于金钱的这种信念，不能去磨合它、接受它、改变它，那么就算成功了、有钱了，他也会把成功、把钱往外推的。

对金钱的负面想法，只会让你推开它

如果你对金钱有厌恶感，那么你一定要看到，然后去接纳。同时，当你产生自己不配得钱或钱很肮脏这种想法的时候，要立刻进行修正。

在平常的生活中，我们对自己脑袋里的念头的觉察是至关重要的。我们的痛苦、烦恼都是因为缺乏内在力量，我们的脑袋里每时每刻都会产生各种各样的想法，有些想法能给我们力量，有些则会削弱我们的力量，我们必须在生活当中培养能够看到这些想法的能力。

当你情绪不好的时候，或是有任何不舒服的感觉的时候，你就要知道一定是有一个错误的念头在你的脑袋里出现了。这个时候，你就应该立刻回到自己的身上看看：我的脑袋里的想法是什么？比如，你看到一辆全新的法拉利跑车从路上呼啸而过，你脑袋里的第一个念头是什么？可能是"好漂亮，好酷"，或是"看你横行到几时，哪一天就被撞了"。

其实，负面想法是会把我们想要的东西推开的。看到一些有钱人在那里炫耀，你是为他们的幸运和福报由衷开心呢，还是投射负面能量给他们？别忘了，当你将负能量投射给别人的时候，它们总是会被反射回来的。所以在生活当中，时时刻刻去觉察自己的想法和感受是非常重要的。

比如我那个朋友，他对自己不配得金钱的执念很深，所以有了钱他就想花掉。其实这时候他可以回到意识当中，觉知到自己内在有很不舒服的感觉，觉知到自己不配得金钱的感受，但仍然把那笔钱存起来，因为那是他努力得来的，他是配得的，他运气就是好，怎么样？理直气壮地接受那笔钱。用这种方式，他就可以去感受、接纳自己内在那个不舒服的情绪，而不会把金钱推开了。

为什么有人会厌恶金钱呢？那是因为他们脑袋里对金钱有一种批判，所以金钱来的时候，他们就会感到不舒服。就像我说过的，我不习惯孤单，当我一个人的时候，我就感觉不舒服，然后脑袋里就会出现一个声音："你看，你多可怜，这么大年纪了还一个人，人家都以为你过得多风光，可是你一个人过的日子多凄凉、多可怜啊……"我的脑中就会有这些想法出现。你们能不能像我一样，如实地看到它们，对它们一笑置之呢？

再比如，你看到有钱人就酸溜溜地说："那些有钱人的钱都不是正当途径得来的，他们都是要付出代价的，我可不会像他们那个样子……"也许这样说了之后，你能马上意识到这种负面情绪，进而调整说："我的确是这样想的，但是我可以立刻修正，不管那些有钱人的钱是怎么来的，他们都可以是很快乐的，等我将来变富以后，我也会变得非常快乐。"

你需要不断地把自己脑袋里的负面想法改成正面想法，同时，当你看见这些想法的时候，你一定要学会跟自己内在不舒服的感受待在一起。当你得到一笔钱，你觉得不配得的时候，你能不能欣然地接受？有些人，他们的朋友在一些特殊时节赠予他们金钱或贵重礼物，可是他们却觉得不配得，收了后总要记挂着什么时候再返回去，而且是更多地返回去，如此才会觉得舒服。

其实这种人就是需要练习，下次收了人家的礼物，不再记挂着赶紧给予回报，而是诚心诚意地说声谢谢。不回报的时候可能会感觉到自己很不配得，很没有价值，心里会感觉非常不舒服，这时候你就要学习跟自己不舒服的感觉待在一起，但还是要做正确的事情。

不要忘记了，当宇宙给予你某样东西的时候，不管是经由别人的手，还是经由其他渠道，如果你觉得自己不配得，想把它推出去，或者要用自己更多的付出来消解自己的羞愧感，那么宇宙下次或许就不想再给予你任何东西了。

有一句话说"大富在天，小富在人"，我觉得这是很对的。我看到很多人并没有按照我们所谓的金钱吸引力法则去工作、生活，虽然他们还是累积了巨大的财富，但是其实他们都没有办法好好享受他们的财富。所以，我们要想富有、成功同时又快乐，就要学会这些心灵法则，对金钱有一个正确的态度。

只有这样，随着时间的积累，你到了某个年龄达成小富的状态后，才不会随意地挥霍金钱、排斥金钱。希望大家能够看到自己内在对于金钱的这些负面想法，把它修正过来。同时，对于接受金钱、接受别人的付出、接受福报这些事情，把自己的内在渠道清理干净，这样宇宙才能把你想要的东西顺利地推送到你身边来。

你与金钱是一种怎样的能量关系？

所谓不喜欢钱的那些人，其实他们对金钱是有障碍的。就像我们可能跟我们的父母、孩子或者亲密爱人的关系也会有障碍，我们跟金钱是一种能量关系，其中也可能会有障碍。

追逐金钱，其实并没有什么不好，即使有些非常有智慧的修行人，也从来不会鄙视金钱，他们会觉得：金钱跟我们的脑袋一样，都是一种工具，重要的是我们是主人，我们在使用它，而不是被它们使用。

在追逐金钱的时候有三种能量，感觉一下，你在求财的过程当中，是带着什么样的能量呢？

第一种就是恐惧，没有安全感。你觉得没有钱就会很惨，会老无所依，会买不了自己需要的东西，甚至会非常危险。在这种想法下去追逐金钱是出于恐惧，这样就算赚到钱了，你也没有办法好好地跟它相处，跟它建立和谐的关系。即使你很有钱，你对钱的不安全感也可能还在，而且更担心会失去它们。

第二种追逐金钱的能量其实是一种炫耀，觉得有钱才能够有权力、有力量，别人才会尊重你。如果是这种能量的话，追求金钱就是出于匮乏，也就是：因为我不够好，所以我要用金钱来证明我很好、我很棒。这种追逐金钱的能量也没有什么不好，但是因为你是出于感到匮乏的心情去挣钱的，所以追逐到了金钱以后，你会像那些炫富的土豪一样，把钱用来装饰外在来显摆，而不是真正花在自己身上或有益于他人。

我认识一些奇怪的土豪，他们对于跟自己有切身关系的东西并不在意。比如，他们身上穿的、戴的都是名牌，出门开的车也是豪车，住的房子也非常好。按理说，他们应该稍微注重一下饮食，吃健康优质的食物。可是，他们却可以用一包方便面甚至吃点薯片就解决一餐。因为穿的、戴的、用的、住的是别人看得见的，在别人看不见的地方，他们就只想凑合。

我觉得他们的金钱不是拿来享受的，而是用来显摆的，让自己显得优越。他们做的很多事情其实都是为了取悦别人，或者是让别人看了羡慕他们。这种人的力量和喜悦都是来自外在，如果有一天他们碰到对他们的钱不屑一顾的人，我想他们大概会很气馁的。

我觉得第三种追逐金钱的能量是最正向的——知道在地球这个游

乐场里，金钱是一个工具，它可以帮助我们在这个多元世界里做很多事情，让我们玩得开心、过得愉快。

比如，印度萨古鲁老师想在钦奈盖一家医院，他主要是想示范给大家看，一家真正的医院应该是什么样子的，一家真正以治疗疾病为目的的医院应该是什么样子的。他认为，现在很多医院已经失去了当初成立医院的初心了，都变成了赚钱工具。

但这些事情没有钱是做不到的，没有钱很多理想都实现不了。很多人说，金钱不是万能的，但没有钱是万万不能的。这也有几分道理。不要恐惧缺钱，我曾经挑战过我对金钱的恐惧，那时候我还跟前夫在一起，因为当时是前夫在养家，我就设想：如果有一天他跑掉了，把所有的钱都卷走了，只剩下我和两个小孩，我是不是还能够养活他们，继续过得很好呢？我想了一想，然后觉得我可以接受，我并不害怕没钱，有多少钱就过多少钱的生活，所以就穿越了金钱恐惧这一关。慢慢地，我不断地修正跟金钱的关系，我发现自己其实很喜欢钱，虽然不喜欢为了赚钱而做事，但是我喜欢花钱，喜欢让金钱流动起来。

后来我投资损失了很多钱，痛定思痛，检讨自己金钱观出了什么问题。我发现我对金钱太傲慢，不懂得尊重它，觉得它是我的奴隶，招之即来，所以它会出一些状况。由此我再度修正了自己的金钱观，我总结为：收的时候理直气壮、问心无愧，给的时候心甘情愿、心怀感恩。

我们跟金钱的关系，可以分为恐惧、匮乏或者是纯粹的喜欢，我们要努力看到在生命当中自己跟金钱的关系，哪些是存在于匮乏之中，哪些是存在于恐惧之中，然后尽量把它们带到喜悦的感受当中，就是纯粹地喜欢金钱、尊重金钱，希望能有更多的金钱，让我们在地球这个游乐场里能够玩得更开心，获得更好的体验。

想尽情地去挥洒我们的生命也需要雄厚的资本，除了时间、精力之外，金钱也是需要考虑的必要元素。如果看到我们自己内在有不配得的感觉，或是厌恶金钱的感觉——任何想到金钱就会产生的负面思想以及感受，我们都要去穿越它。看见负面思想之后，你就要用正面思想去引导自己。感觉到负面感受时，你就要学习跟那个感受同在，通常这个感受会让你觉得很不舒服，这时候你就需要去看着这个不舒服的感受，让它燃烧你，想象自己的坏运气、自己的负面模式、自己的业力，都会在这个痛苦的煎熬之中被燃烧掉。

如果你在这个不舒服的感受当中能够停留得够久，它就会过去。即使它再来拜访你，频率只会越来越低，强度也会越来越弱。

金钱在我的心目中是有崇高地位的，因为它真的可以让我在地球这个游乐场里玩得很开心，我为什么要把它推开呢？让我们去想象自己是一个透明的管道，我们以喜悦的姿态承接宇宙带给我们的丰盛，打开我们的内心，摆正我们的能量，清空我们的渠道，让金钱流动起来吧。

02

疗愈与父母的关系

　　这个世界上没有任何人该为另外一个人的快乐负责。如果你能够看清楚这点，把你父母的喜怒哀乐从你沉重的肩膀上卸下来，你就成功了，你就真的切断了跟父母之间的牵缠关系。

如何疗愈与父母关系的创伤？

天下父母有无数种，但我们与父母的关系其实主要分成两种。

一种是过分亲密、没有界限感——父母对孩子过度关心、过度控制，导致孩子长大之后，觉得自己没有权利去决定自己的人生，也无法对自己的人生负责，因此不得不与父母牵缠在一起。

另一种是父母可能在孩子小的时候失职，没有尽到父母该尽的责任，同时也不会表达爱意，让孩子觉得很没有安全感，甚至受到很大的伤害。

在与父母的关系中，以上这两种是比较极端的，当然也有很多是介于中间的，有些父母也许基本尽到了他们该尽的责任，但还是忽略了很多细节，没能给孩子需要的关注和照顾。也有的父母，在孩子小的时候没有给予爱和关注，在孩子长大以后却拿父母的权威来控制孩子。总之，天下之大，各种父母都有。

不管怎么样，我们从父母那里往往不是得到太多就是得到太少。所以，我们就从这两种比较极端的情况出发，来了解怎么去疗愈我们与父母的关系。

首先，我想跟大家再三说明一件事情，那就是我们与父母的关系真的会影响我们一生，如果我们跟父母的关系不顺畅，我们心灵深处就很难获得真正的平静和快乐。有的人即使父母双双过世了，他们觉得松了一口气，终于可以不被父母纠缠了，可是他们内心深处对父母还是有一些怨怼和失望，这些怨怼和失望就会不自觉地从潜意识被带到表意识，投射在日常生活当中。亲密伴侣、朋友、孩子，甚至是陌生人，都有可能成为我们和父母之间未完成课题的牺牲品。如果我们够仔细、够勇敢、够有觉察力，去观察生命当中所有的冲突，我们会发现，它们几乎都可以追溯到我们跟父母之间的关系。

为人子女，要想切断跟父母之间的这种牵连和纠缠，最重要的就是自己要长大成人，自己要拥有足够的内在力量，然后才能回头去看，看清父母其实也是平常人，他们不是完美的，所以他们也有做错事情的时候。我们换位思考：如果在他们那种生活环境下长大，有着他们那样的性格，在生了小孩后，我们是不是能比他们做得更好呢？

当然，我们现在有丰富的教育、心理知识，告诫为人父母者：教育孩子真的非常重要。所以，现在的孩子比以前的我们要幸运很多。

可是，那些在知识还不是那么普及、父母非常穷困或自顾不暇的情况下长大的孩子，他们受到的创伤是别人没办法理解的。理性让我们可以接受，但感性让我们觉得受伤。所以我想重申：我们必须在情绪上长大成人，才有可能去疗愈我们和父母的关系的创伤。

在与父母的关系中，如何才能"长大成人"？

想要修复跟父母的关系，疗愈创伤，最重要的就是要自己长大成人。怎么样才能长大成人呢？这个过程是需要经历痛苦的。除非你天生就有一个非常理性的头脑、非常成熟的人格，否则即使你的年龄不断增长，你依旧可能是一个非常不理性的人，常常受到自己情绪的影响，时常觉得痛苦。

人如果在情绪上常常感受到痛苦，就难免会产生逃避的倾向，可越是逃避痛苦，就越会把自己困在一个自己构建的城堡里，让自己永远也长不大。很多"小皇帝""小公主"就是这样产生的。我有个朋友一直都在学习个人成长，但她最近带着惭愧跟我说，有一天，她要老公陪她上阳台看月亮，老公累了不想去，她就和老公吵架吵到分房睡了一星期。她承认自己就是有公主病，明明已经五十多岁了，还希望被男人宠着、爱着。

这种人我见过很多，特别是一些男人，表面上雄赳赳气昂昂的，可是内在却住着一个弱小可怜的小男孩。为什么他们不让自己成长呢？那是因为他们不能吃苦，做不到忍辱负重，一点点的不舒服都承受不了。所以，他们受到外界困扰的概率就很大，外在的人、事、物常常就会激起他们内心的烦恼，然后他们就希望去处理外在的人、事、物，却不去学习看待自己的内心，也不去学习和这种不舒服的感受在一起。如此一来，他们在情绪上还是一个孩童，永远没有办法长大。

如果你在情绪上还是一个孩童，你如何用成熟的眼光看你的父母呢？显然你看待父母的眼光就是孩子的眼光，觉得父母崇高伟大，给我们生命、给我们安全、给我们温暖、给我们食物，而且父母永远都是对的，如果有不对的地方，那都是因为我们不够好。问题就在这里，后来的"成人孩童"——就是身体已经长大了，内在却是个孩童的人，他们有了一定的认知，会认为父母没有做好他们该做的事情，所以他们对父母有很多很多怨怼。

这是一个很糟糕的组合。"成人孩童"已经不像小时候那样完全信任父母了，但是在情感上，他们还是希望父母继续帮助、支持自己，如果父母没有能力做到，那就是父母的不对。

可是，世界上有很多爱无能的人，也许他们刚好就是你的父母。

对于这些爱无能的人，我们要求他们给我们爱，就像是要求猫像狗一样汪汪叫，狗像猫一样喵喵叫，都是不可能的。我们如果向一个爱无能的人要求爱，那真的是缘木求鱼、徒劳无功。

想一想：你的父母是不是爱无能的人？他们能给你想要的东西吗？在他们的世界里，在他们成长的过程中，他们有能力付出爱吗？如果你在情绪上是个成熟的人，你就会看到他们只是给你生命的人，

带你来到这个世界上，但是他们自己没有爱的能力，所以没有办法满足你爱的需求。现在你是一个成年人了，可能也有家庭了，有爱你的人，也有你爱的人，你其实是不缺爱的，童年的遗憾就让它过去吧，你可以原谅这样的父母，不需要他们来爱你。

亲爱的，如果你能够达到这个境界，那你就能够真正地疗愈和父母的关系了。

还有一种极端的情形就是，有一些非常不称职、特别糟糕的父母，在孩子还小的时候，就在身体上、语言上、行为上伤害孩子。这种父母有的年纪大了以后会有悔意，知道了自己的错误，想要改变，这个时候就看孩子内在的成熟度能不能让他去原谅他们。

也有一些父母到老了还是没有丝毫悔意，无法对孩子表达善意。我并不建议每个孩子都去原谅这样的父母，但是你的心里要真正能够跟他们切割开来，接受他们就是这样的人。最重要的一点就是，你要考虑清楚到底还需不需要他们的爱。你必须很诚实地问自己："我现在都成年了，我真的还需要父母爱我吗？"如果你能够坦诚地面对这个问题，而且答案是"我不需要他们爱我"，那恭喜你，你成熟了。

长大成人后，我们还需要父母的爱吗？

父母的爱还是成年人的必需品吗？答案其实是否定的。为什么呢？我们小的时候需要父母爱我们，是因为如果他们不爱我们，我们可能没有东西吃、没有地方住，失去了关爱，我们就活不下去了。可是现在我们长大成人了，对我们来说，父母的爱其实已经不是生存的必需品了。

我说过，疗愈与父母的关系，第一步就是不再要求父母对你认可、赞赏。如果你能做到这一点，那就相当了不起了。看见自己如何习惯性地讨好父母，你同时也会把这种惯性带到日常生活中，去讨好每一个人。如果你小时候就是用这种方式去取悦父母，却没有得到任何回应，那么在你生命的其他领域中，你很可能也在不断创造相同的模式。所以，你必须看到这个惯性，然后放下，告诉自己：我不需要父母的认可，我更不需要别人的认可，我自己也可以活得很好，我能够在自己的世界里安身立命，我可以认可我自己。当我们都回到自己的内心找到这种感觉，我们就能真正地强大了。

进一步讲，你不需要父母的爱了，这是事实。我们长大了，可是我们还是像小时候一样，习惯性地去索求父母的关爱。父母让我们失望透顶的时候，我们会把这种情感需求转移到自己的配偶、孩子，或者是朋友身上，祈求他们的认同，希望我们的各种"关系户"都爱我们。但是事实上，越是缺爱的人，越是难以得到爱，真正的爱只会降临在那些不缺爱的人身上。

如果因为缺爱而去寻找爱，希望你生命中的"关系户"都能够来爱你，这种情况下，你没有办法体会到别人爱你的方式（因为你坚持体会自己被爱的方式），你会越发感觉到自己不被爱。

这是非常可悲的。所以，我们要看清楚自己的这个模式，并能够改变它，告诉自己：其实我真的不需要父母的爱，我自己也可以过得很好。

在与父母的关系的修行中，最高境界是"我不需要让父母快乐"。我已经尽力去做到我分内该做的事，如果父母还是不高兴，或是要损害我的利益才能让他们高兴，我可以放下让父母快乐的这个责任。这就进入了我们要说的另外一个极端情况，那就是父母为什么在我们成年之后还能够控制我们。

　　在长大成人以后，我们的很多行为方式、生活方式，甚至婚嫁，都还是要听从父母的，受父母的管制。为什么？其实很简单，我们就是希望取悦父母，因为我们受不了父母痛苦，我们觉得应该让父母快乐。父母年轻的时候含辛茹苦，好不容易把我们养大，现在我们有能力了，就应该去好好孝顺父母，让他们快乐。

　　但是这个世界上没有任何人该为另外一个人的快乐负责。如果你能够看清楚这点，把你父母的喜怒哀乐从你沉重的肩膀上卸下来，你就成功了，你就真的切断了跟父母的牵缠关系。

　　我能不能做到不要求父母赞同认可？我能不能做到不要求父母爱我？我能不能做到接受父母不快乐？如果能把这几个问题搞清楚，并真正做到，那么我们就会变成一个无比强大的人，这个时候我们才能够获得真正的快乐，也才能把我们的快乐反馈给我们爱的人和爱我们的人。

如何面对父母的过度关切？

当父母对你过度关切、过度控制的时候，你该怎样面对他们呢？

我的父母非常疼爱我，可是他们太把重心放在我身上，对我也加诸了太多期待，让我觉得负担非常沉重。学习个人成长以后，我不断累积自己内在的力量，渐渐地放下了很多我对他们的期待和要求，逐渐就走出了跟他们牵缠的模式。

这当中我觉得最关键的一点就是，当你跟父母划清界限的时候，要学会跟自己内在产生的那个羞愧感共处，因为这是"断奶"最重要的一步。

当你拒绝父母的一些过分的要求，适度地把父母推回到他们该有的位置，或是狠心地跟他们分开住，把他们送回老家的时候，你会觉得非常非常愧疚。当这种愧疚感上来的时候，你就知道你收到了一个重要的信号，那就是你把父母的喜怒哀乐背在身上了。

把父母的喜怒哀乐背在身上，是永远不会带来双赢局面的，双方都会感到负担越来越沉重，越来越痛苦，彼此纠缠不清。

我有一个朋友就曾经跟他年事很高的父母说："我们家遗传高寿的基因这么好，你们两个要是在这个世界上活得很久的话，我这一辈子可能都毁了。"他很有勇气，敢跟父母说这么狠的话，可是他还是没有办法把父母送回老家去。他父母跟他在大城市里一起生活，对他生活的各方面进行干涉打扰，但他觉得父母辛苦养育他长大成人，所以对父母有那么一份不忍。他有三个哥哥、一个姐姐，但是没有一个像他这样承担起照顾高需求父母的责任。他的婚姻一团糟，四十多岁，单身，没有小孩，事业起起伏伏，情绪也很不稳定。

为了自己的幸福快乐，我们必须学会跟父母拉开距离，这对双方都有益处。我在巴厘岛一个阿育吠陀排毒中心养生的时候，碰到了一对美国夫妻，他们给我讲了他们的故事。这对夫妻是做电视节目的，他们从美国华盛顿来到亚洲，买的是单程票，基本上是不打算回去了。

其实，这对夫妻中的妻子，她父亲在不到一年前突然中风过世了，她的母亲一直没有办法从失去爱人的伤痛里走出来，于是她就把母亲接到家里，跟他们共同生活了一年。据她说，因为她母亲是一个非常难缠、充满恐惧、非常负面的人，时时散布负面能量，所以她跟老公的日子过得非常辛苦，她已经快崩溃了。另外，她也觉得实在不喜欢美国的生活，所以就下定决心离开美国，把她 77 岁的母亲一个人留在家里。每天她母亲可能要开车去超市买东西，自己做饭吃。她离开美国的时候也邀请母亲到巴厘岛来看他们，不过因为害怕坐飞机，因为害怕离开自己熟悉的环境，以及其他各种顾虑，她母亲没有答应。

当她这样跟我说的时候，我由衷地赞美她，她能够离开母亲寻求自己的幸福，真的很了不起。她告诉我，她也挣扎、痛苦了很久，最后觉得与其他们三个人一起痛苦，不如两个人快乐。所以，她就把母亲留在美国，自己和丈夫来到亚洲，重温他们的蜜月旅行。

在这个妻子身上，你可以看到她其实非常关心她的母亲，父亲过世以后，她也为母亲做了很多事情。我觉得她最后说得对，与其三个人痛苦，不如两个人快乐。

当然，她可能时时刻刻要面对思念母亲、牵挂母亲的这种愧疚，只是她学会了跟它共处，她才能够在行动上做出这么明智的抉择。

成为临在的观察者，从情绪的旋涡中跳脱出来

印度萨古鲁老师曾说，如果我们沉溺在自己的情绪当中，就像被困在交通堵塞的车子里，会感到非常焦虑、不耐烦、挫败，情绪当然不会好。但面对同样的交通堵塞，如果你是站在山上或在远处的高楼上，那么你的感受就完全不同了。你可以看到，虽然那边塞车塞得很严重，车子都动不了，但是因为你自己没有身在其中，所以很容易跳脱出来。

我们越是沉浸在我们的困境和负面情绪里，就越是不能自拔。我们就会以受害者的身份、受害者的感受，不断地去跟别人诉说这些困境和情绪。而这样的行为又会助长我们自怨自艾的情绪，让我们深陷其中，无法自拔。

在生活当中，大家多多少少会在某个时刻灵光一现，看到自己的

真面目，比如你会听见脑袋里有声音跟你说话。不要以为这是精神有问题，事实上我们每个人的脑袋都会"说话"。它把我们看到的东西全都贴上标签，比如我面前有一棵树，我就会说这棵树真高，或是它叶子真绿，忍不住要做一番评论。其实这棵树就是树，当我为它贴标签的时候，我已经跟它隔绝开来了。

我应该只是去感受这棵树，而不是听从脑袋里的声音给它贴标签。不过，既然我们能够辨别出自己脑袋里有一个声音，那究竟是什么东西辨别的呢？其实那就是一个观察者的意识临在。也就是说，在电光石火之间，我们是可以感觉到有一个观察者存在于"我"之外的。

大家在生活当中应该不断地去看见，自己其实就是一名演员，在演出一个剧本而已。这个看见、这个观察者，就是一个非常重要的自我成长的标的物。如果我们时时刻刻能够跟这个观察者同在，我们就能够从交通拥堵的车流中跳脱出来，在高处看着底下堵车的情形，而不会深陷在里面了。

我们来具体感受一下。比如讲一个你小时候的悲惨故事，当然是跟你父母有关的：父母怎么亏待了你、怎么对你不好，让你耿耿于怀，长大之后跟别人说起来，还是会愤愤不平，觉得特别委屈，很多负面情绪都会被这个故事和它的情境带起来。

现在我请你试着找一个人，或者是对着你的书桌，对着书桌上的一个摆设，比如台灯或任何其他一个东西，讲述这个故事。

讲完了以后请你再把这个故事说一遍。

当你再次讲这个故事的时候，我希望你用观察者的临在感觉来说，带着一种远远望着堵车的那种感受来述说你小时候经历过的这个悲惨故事。试着从当初的感觉中跳脱出来，就像在描述别人的故事那样诉说这个故事。

把对你影响最深的一件事情讲述出来，把其中的感受带起来，无论是让你觉得愤恨难平的，觉得很受伤、极端恐惧的，还是觉得没有安全感、不被爱、不被公平对待、委屈的，不管这个感受是什么，要维持观察者的临在状态，看着自己重复述说这个故事的过程，看看我们能不能从这个故事当中、从这个负面情绪的包围当中跳脱出来，用一种更理性的态度去回顾整件事情。

你会用父母对待你的方式，对待你的孩子吗？

每次我们谈到各种关系的时候，重点其实都还在我们自己身上，跟对方是无关的。比如我儿子和他爸爸，他爸爸是个非常爱说教的人。其实，孩子跟父母在一起，并不想听父母说道理，他们只想感受父母的支持和爱，希望父母认可他们做的事情，给他们一些赞美和鼓励，这就足够了。

我儿子的爸爸没有意识到这一点，他没有给予孩子想要的东西，反而每次看到孩子，就想要教训孩子，教孩子怎么样能够做得更好。他自己内在其实是不安稳、不舒服的。对于自己作为父亲这个角色，他也有一定的期待和负担，所以看到孩子就会想去修正他们。

我女儿就不理他这一套，所以他看到女儿的时候就不太说教，因为我女儿的能量对她爸爸是封闭的，她基本上不接受、不回应。她不开放，即使她爸爸对她说教，也不会说很久，慢慢也就不太说了。但是对儿子，他每次说教的时候，都会引起儿子的反应。就像丢一根带着钩子的绳索去钩儿子，儿子同样也伸出了钩子，因为他想要爸爸的认同、支持和爱，于是就被他爸爸钩上了，两人的能量就有了牵缠，实现了交换。

爸爸觉得有钩子回钩很过瘾，于是每次看到儿子就忍不住要说教，然后两个人就开始吵架。后来我教儿子淡定地接纳他爸爸的说教，不予回应。其实只要你不回应，对方越说越没劲儿，久而久之也就停下来了。这种情况下，正面对抗并不是一个好方法。我们只能改变自己，没有办法改变对方。

亲子关系有一个很好玩的现象，比如我的父母，虽然他们给我很多爱，但对我的管控也很严，我自己有两个小孩以后，我会反其道而行之，尽量不像我父母那样去控制他们，我会给他们自主权，尊重他们的空间和界限。

然而很多时候，我还是会无意识地用我父母对待我的方式去对待我的孩子，尤其是在双方有冲突的时候。我跟我母亲的关系是比较难相处也比较难修复的，所以我跟我女儿的冲突也比较多。而我跟儿子之间，能量交换比较通畅，吵完架之后很快就能够和好。我跟女儿就算不吵架，能量交换也没有那么通畅。

女儿十几岁的时候，有一次我用我母亲对待我的方式对待她，因为某件事她屡教不改，我就告诉她："你就当没我这个妈妈，咱们以后不要来往了。"这是我母亲以前对待我的方式，在平常意识清醒的时候，我是不会这样对女儿的。可是当她惹我生气时，我就进入了一个无意识的模式，不经意间就把母亲对待我的方式拿来对待她。

当你处在亲子关系的疗愈阶段时，你父母跟你的关系里，有没有一些你非常痛恨、厌恶的父母对待你的行为呢？如果有的话，我们要先去诚实面对，告诉自己这可能也是自己的问题，自己愿意放下并且修正，同时原谅父母。

父母也是人，有他们的局限性，他们已经在尽最大努力做到最好了，所以我不去责怪他们，我承担起自己快乐幸福的责任，我原谅他们并且对那种方式释怀。但是，我不要用父母亲对待我的方式去对待我的孩子了。这么做的前提就是：你一定要原谅并且放下，否则，你的表意识看起来是在指责这种行为，但是潜意识会不知不觉地效仿他们，把他们的行为复制在你的孩子身上。

希望你今后在亲子关系上，能够有比较清醒明确的意识。当你看到自己居然也以你最讨厌的父母对待你的方式来对待孩子的时候，你能够立刻惊醒过来并做出修正。这样的话，你的亲子关系就能够改善很多。

03

疗愈亲子关系

　　孩子是一个能量海绵体，他真正吸收的是父母潜意识里的能量。孩子没有问题，有问题的是我们自己。先检讨自己，慢慢地去修炼，不要头痛医头、脚痛医脚。如果只把焦点放在表面问题上，就很难解决问题。

你给孩子的爱，到底是为了满足谁？

亲子关系之所以会有障碍，其实是因为我们把太多的期待放在孩子身上，希望孩子能够完成我们童年甚至一直到成人为止都没能完成的梦想。有时候我们甚至希望孩子去为我们争面子，让我们引以为荣。如果你对孩子有这样的期待，那么孩子的负担一定很重。

还有一种情况也会给亲子关系造成负担，就是我们把自己的恐惧放在孩子身上。也许我们并不希望孩子能够光宗耀祖，可是我们却希望他将来能够有所成就，免得人生艰难。我们觉得这个世界是不安全的，所以必须努力奋斗，一定要出人头地，一定要挣很多钱，孩子将来才不会吃苦，才能够生存下来。

另外一种父母，则是对这个世界充满了不安全感。他们觉得这个世界是危险的，会有很多意外发生，而且有很多坏人。像我小时候，班里的小朋友们都去石门水库玩，但我母亲就是不让我去，说石门水库太危险，我会被淹死。他们去山上踏青，我母亲说我不能去，山上太危险了，我会摔死。因此，每次班里有郊游活动，我都不能去，只能独自留在空荡荡的教室里。我觉得很难过，为什么父母不能给我自由呢？

我在小学的时候想吹笛子，用存了很久的零用钱买了一支笛子，准备去参加一个乐队，我母亲又坚决反对，她说吹笛子对肺不好，其实恰恰相反，吹笛子有益于肺功能。可是，母亲就是喜欢用她的方式来管束我，剥夺我的生活乐趣。为了这件事情，我记得我当时哭了很久，第一次产生想要自杀的念头。

我高中念的是台北市立第一女子高级中学，这是台湾地区最有名的中学。它的仪仗队也非常有名，我很想加入，因为觉得很神气。但是，我母亲听到她一个朋友的女儿因为参加仪仗队太辛苦而得了肾脏病，就说我也会得肾脏病，不让我去。父母其实扼杀了我小时候的很多兴趣。这些痛苦的感受直到今天我都还记忆犹新。所以，有时候父母控制我们的手段是相当残忍的。

我从小喜欢文学，文采出色，但是我考大学的时候，他们说："别念中文系了，外文系也不行，你将来出去留学，拿什么跟老外竞争啊？"我觉得他们说的好像也对，就听从他们的安排去考商科。可是，我对财务、商业、企业经营管理真的一点兴趣和天分都没有。所幸到后来，我的天赋没有被埋没，我还是成为作家写了书，可是写书的时候，我会一直觉得我的文字不够丰富，辞藻不够华丽。我就在想，如果当年进的是文学院，学的是中文系或者是外文系的话，我应该会更有自信、写得更好吧。

基于这样的经验，我给我的孩子很多自由。我不要求他们去申请名校或是出人头地，让我觉得有面子。我也不觉得他们将来会一败涂地，混不下去，会拖累我。我觉得这个世界是安全的。他们很小的时候，我就让他们自己出去玩，去参加学校组织的滑雪，去贫穷的国家和地区参加慈善活动，我都非常支持，并希望他们都能够有背包走天下的勇气。

如果你有孩子，你对他究竟有什么样的期待、期望呢？你为他预设了一个什么样的立场和世界？你觉得他的世界应该是什么样子的，你就会不断地向他灌输关于这个世界的一个概念和蓝图，其实你是在帮他构建他的世界。可是，我们根据自己的经验为他们绘制的世界蓝图，未必是他们想要的。

如果你没有孩子的话，你就看一看，你是不是把这些东西放在了你最亲近的人身上，也许是你的闺密，也许是你的爱人，也许是你的父母，也许是你的下属或是晚辈，仔细地看一下吧！

对待孩子，你的基本信念是什么？

如何才能公正、客观、开放地让孩子拥有自主自由的生命？养孩子就好比种一棵树，你要做的就是让它晒到足够的阳光，给它浇水，给它施肥，不要过度地修剪它。这棵树在这些条件都满足的情况下，自然而然就能够茁壮成长，将基因中的优势发挥到极致，而不受人为外在因素的影响。

我们之所以会把光宗耀祖的期望放在孩子身上，是因为我们对自己没有自信，我们内在匮乏。隔壁家的孩子考上了重点中学，你认为将来他就一定会考上很好的大学，当你觉得如果自己家的孩子考不上好大学，你就会显得很丢脸时，你要仔细看一下，每天在背后推动着你做决定、做选择的这些信念到底是不是正确的。比如，上了名校就一定前途无量吗？这可不一定，因为社会中很多人虽然不是名校毕业，但他们依然能够出人头地，有所成就。每年也有很多就读名校的孩子因为压力太大而出意外。名校毕业和孩子健康快乐，哪一个比较重要呢？

我非常相信一点，就是孩子的基因里自带一个程序，在最好的条件下，那个程序就会发挥到极致。就我个人而言，我对孩子最大的期盼就是他们能够健康快乐，没有其他。当然，如果孩子考不上好学校，他自己觉得难过的话，我会给他意见，告诉他怎么样才能申请到好学校。如果实在申请不到好学校的话，我就会去开导他，帮助他排解心里的压力。

像我儿子，他非常努力认真地读书，但申请学校的运气却不太好。他那么努力，却跟我不怎么用功的女儿申请到同样的学校。后来他又花了两年时间用功读书，再申请转学，终于转到了他觉得还不错的学校，可是他心目中最好的学校还是没有录取他。我很心疼他，但是我不需要通过孩子读名校来让我觉得有面子，为我的"小我"加分。孩子的失望会让我觉得很难过，所以我一直鼓励他，告诉他，妈妈不在乎什么名校。

我们要搞清楚，我们爱孩子的出发点以及为孩子做的很多选择和决定，是不是为了给自己的"小我"加分，对孩子本身到底有没有养分。这才是为人父母要去好好检讨的。如果你真的是出于自私的理由而期待孩子做这个做那个、成为这个成为那个，那么请你好好地回到你自己的内心，看着你自己说："这个孩子是一个独立的灵魂，我的责任只是把他带到这个世界上来，抚养他长大。至于他将来怎么样，跟我其实是无关的。我把我最好的祝福给他，希望他能够快乐、健康，顺利地完成他的人生旅程，发挥他的潜力，活出他自己的最好版本。我自己内在的匮乏、自卑，我愿意自己去承担，不会放在孩子身上。"

另外，我们也许有很多恐惧，觉得如果不去努力竞争，就会被淘汰，将来可能没有饭吃。我想这也是一个无意识的被夸大扭曲了的想象。我们如果不能够明智地检视自己的想法，看看我们每天面对自己人生以及我们所有关系中的互动，是基于什么样的信念假设而运作的，那么我们就会经常被自己一些旧有的、古老的、错误的信念、观念和想法牵着鼻子走。

当你的亲子关系出了问题的时候，你要问自己，究竟是什么让你的孩子不能够对你敞开心扉，让你的孩子不快乐？而你自己为什么会有这样的想法？你自己是不是应该想想怎么改变呢？

正知正见是非常重要的，检验正知正见的标准就是看它能不能让你更轻松、更自由、更快乐，让你所有的关系都变得更好。如果答案是肯定的，那这个想法或是概念就是经得起考验的。

你的孩子从你的潜意识里学了多少奇怪的念头？

有个朋友说自己的女儿才 9 岁，但是活得很痛苦，不理睬别人，也不受教，已经两年不上学了，天天说无聊，说自己没用、不如死了算了，问我该怎么引导。

另一个网友告诉我，她的孩子是大学生，假期总是晚上 12 点不睡，中午 12 点不起，每天啥活儿也不干，就是抱着手机玩。

还有一个网友，说自己 10 岁的孩子脾气不好，非常叛逆，不服管教，自私又暴力。

天下没有不是的孩子，只有不是的父母。每个孩子生下来都是那么天真，像一张白纸一样，可能父母在他小时候忽略了他，没有给他一个很好的生长环境，让他吸收了太多的负面能量，父母本身可能也没有以身作则，加上教养不当，孩子感受不到父母的爱，所以才会产生上述的各种偏差行为。

拿那个大学生来说，我的两个孩子在假期的作息跟他差不多，可是我从来不管，那是他们自己的生活。都是大学生了，还要妈妈怎么管？他要晚睡就让他晚睡，但是他总会开学，总得去上课，他上课的时候自然就会早起了。

我的孩子也喜欢在睡觉之前玩很长时间的手机，这对眼睛很不好。我跟他们说了，他们不听，我也就不管了。那真的是他们自己的事情，我不会想要把这些担心和恐惧的能量放在他们身上，让他们去承担，但是我会跟他们说清楚、讲明白，听不听就是他们自己的事情。

如果你没有修炼自己的话，你会想不开、过不去，会把孩子的生活、生命都担在自己身上。可是大学生已经是成年人了，他完全能够对自己负责，你不可能随时随地去管他。你越不管他，他反而越会觉得："妈妈既然都不管我了，好，我得振作起来，对我自己负责。"我的两个小孩都经过了这样一个过程，我不管他们以后，他们自己会找到路，自己站起来。

那个9岁的小女孩这么小年纪就已经这么痛苦了，那很可能是她父母感情不好，她父母肯定都不是很快乐的人，所以她才有样学样，照他们那样过。她周边的环境让她感受到的都是绝望。对这个孩子，我们该怎么去拯救呢？

她妈妈可能没有办法了解她，没有办法提供给她想要的生活和情感上的支持，所以她只能用这种方法来抗议。我不知道这个朋友的婚姻生活是怎么样的，如果父母自己都过得半死不活，或是整天吵架，家里的气氛很糟糕，那孩子当然不想活了。如果是一个非常和谐的家庭，父母都工作愉快、关系和睦，9 岁的孩子怎么可能活得很痛苦、寻死觅活呢？请类似的父母不要把焦点放在孩子身上，而要看看自己的生活是否整理好了，夫妻的感情是否处理好了，这个比较重要。

把孩子周围的这些东西都处理稳妥了之后，孩子自然而然就会快乐起来。每个孩子都像幼苗一样，他们都有向阳生长的动力和意愿。但是，由于我们大人的疏忽，没有创造一个好的环境给他们，扼杀了他们想要生长、想要生活的意愿，我真的很为这些孩子感到心痛。

那个 10 岁的孩子，为什么自私、暴力、脾气不好？他是跟谁学的？是谁让他变成这个样子的？孩子就像一张白纸，你在上面画了什么？这就是特别明显的皮格马利翁效应。我特别反对父母把焦点放在孩子身上，武断地认为孩子的行为有偏差。孩子就像我们最明晰的一面镜子，我们是什么样子，他就映照出来我们的样子。孩子也像我们雕刻的一个雕像，我们怎么雕琢他，他就呈现出什么样子。

不要把焦点放在孩子身上，不要想去修正他，而是把焦点放在自己身上，将目光放回到自己身上，看看你究竟做了什么，让这个孩子变成这样？你究竟展现出什么样的生活方式，让孩子呈现这样的行为？我不相信一个在充满爱、充满理解、充满支持、和乐平静的环境下长大的孩子，会有如此偏差的行为，如果有，那一定是父母的很多阴暗面被孩子吸收了。

孩子是一个能量海绵体，他真正吸收的是父母潜意识里的能量。孩子没有问题，有问题的是我们自己。先检讨自己，慢慢地去修炼，不要头痛医头、脚痛医脚。如果只把焦点放在表面问题上，就很难解决问题。

安静下来，跟自己待在一起

　　很多父母想要为自己的"小我"加分，同时又对这个世界充满恐惧，所以会强加很多不切实际的想法和压力在孩子身上。

　　还有一种父母，不知道怎么跟孩子相处。有时候，他们蒙受了上一辈的阴影，会过度宠孩子。我就看到过很多父母跟孩子说话战战兢兢、小心翼翼的，生怕一句话说错就得罪了孩子，或是惹怒了孩子。其实，这对孩子并不好，尤其是青春期的孩子。因为孩子要学会尊敬父母，对父母有一份感恩之情。这种做法会让孩子把父母的付出视为理所当然，让他无法培养出一颗感恩的心。

　　在所有的关系里面，想要正本清源地去解决问题，归根结底，方法在我们自己身上。一个没有底气的妈妈和孩子在一起的时候，就会被孩子的淘气、霸道所凌驾。面对丈夫、面对公婆也是同样道理，如果你自己没有底气，你就总是在看别人的脸色。这可能跟我们小时候的成长背景有关，也许我们的父母就是喜欢施加高压的人，他们会用父母的权势来压制我们，我们只能战战兢兢、唯唯诺诺地听从他们的想法和指挥。长大以后，我们还是生活在这种阴影下，没有办法找到自己的力量，所以即使面对那么小的孩子，我们也会觉得理亏。

如果你意识到这个问题，那么解决的第一步就是先看到这种情形，看到你在孩子面前挺不起腰杆来，你没有办法摆出一个母亲的尊严。

第二步就是修正它。如何才能让自己成为一个有底气、有内力的人呢？去了解自己、接纳自己、做好自己，不要害怕别人来侵犯你的界限，当别人来侵犯你的界限时，柔中带刚地把他们推回去。比如我在台北的时候，住在父母的楼上，常常会去他们家吃饭，有时候晚上回来晚了我就不过去，并提前打个电话给他们，告诉他们今天不回来吃饭了，让他们吃完就休息。

我父亲会说："那你吃完饭回家坐坐吧。"如果我不累，我有时间，我会回去。可是，如果我跟朋友吃饭晚了，我累了，我就会说我不回去坐了。我父亲就会说："那你要打电话给我，等你回来我才能够睡觉。"这样我就觉得有点过了：你睡觉是你的事情，为什么一定要等我回家打电话给你，你才睡觉呢？如果我今天要很晚，十一二点才回家，那你是不是就要来限制我的行动呢？于是我就跟他说："我不会打电话给你，你先睡吧，不用等我了。"

这是一个关于回到自己的中心，不因为受到对方要求的影响而扰乱你自己的行为的例子。如果是以前，我可能就会用很不耐烦的口气跟父亲说话，现在我就可以完全回到自我中心，跟他说："你不用等我，我也不会打电话，你就先睡吧。"

其实对所有的人，我们都应该维持这样的一个态度，就是什么话都好好说，我是归于中心地跟你说话。对孩子也是一样，其实孩子是最敏感的，如果你没有办法归于中心跟他沟通，他知道你理亏和心虚，就会不断地来挑战你的界限，甚至挑战你做父母的权威。这个时候我们真的要好好修炼自己。你要知道，对孩子软弱让步并不是给孩子的最好的礼物，反而会对孩子的人格、性格等各方面带来隐患。

我们怎样在跟亲人互动的日常生活之中，维持一颗清明的头脑以及拥有归于中心的能力呢？亲爱的，我想我们还是需要安静下来，学会跟自己待在一起。当你能够安静下来，不受脑袋里思想控制的时候，你才能够真正地退回到所有情绪、思考、想法之后，始终在那里维持一个观察者的姿态。

就像做梦，我们会知道自己在做梦。其实日常生活当中，我们也有一个清楚的觉知，知道自己在说什么、做什么。可是我们会被自己的行为、情绪、想法干扰，没有办法时时维持那个观察者的临在，所以静心、静坐的习惯就非常重要。

04

疗愈亲密关系

伴侣是来帮助你修行的，从某个层面来说，他就是一个老师。

运气最好的情况是，爱人就是你的伴侣，陪你一起探索这个世界。关于爱人的这三个面貌——镜子、老师、伴侣，其实在每个亲密关系里都是具备的，只是有的时候，我们自己的能量会影响对方呈现出不同的面貌。

亲密关系最大的秘诀是什么？

我想把亲密关系中内在的很多元素来跟大家梳理清楚，让我们看清楚亲密关系究竟会受到哪些因素干扰。

根据我看过的无数案例，以及我自己的观察和经验，我总结出的一个心得就是，一个人的亲密关系好不好，有时候真的是命运决定的。也许有些人会觉得这是宿命论，并不科学，但是根据我的观察，比如说有些人非常自恋，他们做什么事情都要突出自己的价值感，非常在意自己在别人面前表现得怎么样，自己是否得到关注和掌声，他们的亲密关系照理说应该是很糟糕的。可就是这样的人，他们身边还是会有一个不离不弃的妻子或者是丈夫，和他们生儿育女过生活，始终在身旁守候。

也有一些人，脾气不好，德行也很差，对人又很刻薄，充满了负面能量，人也无趣，甚至自己的儿女都不喜欢他。可是呢，他身边也有一个相知相伴的好伴侣，陪着他一起到老，临走的时候依依不舍，约定死后也要埋在一起。

我们究竟要怎么做才能拥有美好的亲密关系？我觉得是没有定论的。我只能把一些案例拿出来跟大家分享，从这些案例当中，大家可以对号入座，看看从个人成长的角度，能不能用什么方法让我们的亲密关系变得更好。

比如我自己，我的亲密关系是我生命中最麻烦、最痛苦的一个层面。我可以告诉你，我的亲密关系为什么会失败。但是我也看过，同样的原因，比我更严重的人也有很多，他们的亲密关系却能一直维持下去。

所以，你要问我亲密关系最大的秘诀是什么，我只能说，除了命中注定是占比很大的因素之外，剩下的就是咬牙坚持到底，这样你最终就会拥有一份还算不错的亲密关系。

我为什么这么说呢？因为我觉得我的亲密关系，失败的最大原因就是我不能够坚持。

遇到困难、遇到两个人需要磨合的时候，我没有耐心去慢慢等待自己改变，等待对方改变，我可能会很性急地做一些事情让对方能够立竿见影地改变。如果对方没有按照我希望的做出改变，我就会灰心、放弃，不愿意继续往前走，最后只能放手。

我看了很多其他千疮百孔的亲密关系，尤其是老一辈的，每次看到他们我就会有很多感慨，因为我看到那些相处了好几十年的夫妻，现在手牵着手甜甜蜜蜜地出来见人，而他们在相处的那好几十年里经历的磨合、龃龉、艰辛，真不是三言两语可以说完的。可是，只要两个人都坚持，始终不放弃，最终都会走到一个相当不错的境地。

亲密关系的好坏跟两个人的年龄也有很大关系，我觉得大部分男人随着年纪的增长会越变越成熟，越来越享受家庭生活，对女人也相对地越来越依赖。

也许你会觉得我怎么这么守旧，鼓励女性坚守自己的婚姻岗位，不要轻易放弃男人。其实，我觉得除了特殊情况，比如这个男人德行败坏、外遇出轨、赌钱喝酒或者有家庭暴力这些情形，我当然建议你考虑离开他。但是，如果只是因为两个人磨合相处的问题，我会建议你在婚姻里多磨炼、多考察，不要轻言分离。

你现在的亲密关系是一个什么样的状态？你能不能接纳、包容，让它再走一走、看一看呢？

你是为爱而生的人吗？

是什么原因，让我们的亲密关系出现问题呢？

其实，亲密关系之所以会成为我们生命中的一个难题，最重要的一个原因就是情执，也就是对感情非常执着，愿意为爱而生、为爱而死。情执的人，感情之路就会比较坎坷，因为他太重视爱情了，所以在亲密关系当中，他就没有办法对另一半睁一只眼闭一只眼，而且会要求两个人有很紧密的关系。

在这种情况之下，双方的摩擦通常就会比较大，反而那些不怎么亲密的"君子之交"类型的关系，才会有一些转圜的余地，在亲密关系遇到冲突的时候，双方能够各自冷静下来，修补、复原。

情执的人，不论是男人还是女人，都很容易把亲密关系看得过重，拿着放大镜去看对方，看两个人的相处模式，这样即便亲密关系原本没有问题，也会被看出问题。

情执的人有什么特征呢？一个明显特征就是什么事情都可以联想到感情方面。就像我，我遇到一个新的朋友，不管是男的还是女的，我对他最好奇的就是他亲密关系的状态。我会很想知道他的亲密关系是什么样子的，感情状况如何。这就是我的兴趣所在，当然，我就是一个情执的人。

有些人眼里只有一些功能性的东西，他新认识一个人，立刻就在想，这个人如何可以为他的"小我"加分，这个人怎么样可以帮到他，或是这个人有哪些东西是吸引他的。反正什么事情他都会从自己的利益的角度去考虑。

有一种人是表现型人格，他喜欢获得别人的认可和赞扬。所以碰到一个人，他就会急急忙忙地把自己的很多东西都给抖搂出来，希望赢得别人的赞赏。这种人对对方的亲密关系才没什么兴趣呢。

还有一种人很有趣，他看到一个人，最想了解的就是那个人的财务状况，这并不是想占对方什么便宜，只是因为他最注重的就是金钱。比如有个朋友，有一次本来想问一个小孩子几岁了，结果因为他太爱钱了，常常讲钱这件事，居然脱口而出说："你多少钱啊？"弄得那个小孩莫名其妙。

每个人心心念念的东西，会在他的生命当中呈现出来。当你不再放那么多注意力在对方身上，不再拿对方跟你的关系来刷存在感以及成就感，你就不会在对方身上挑刺。我以前很会去观察对方的一言一行，他每一分钟的脸色我都很在意。后来回想起来，我们相处之所以困难，就是因为我太在乎他。如果我不那么在乎他，他摆脸色的时候我不看，他还能摆给谁看呢？

亲密关系最好玩的地方就是，我讲给别人听的时候道理一套一套的，可是在我最爱的人面前，我就是做不到，我就是会去看他的脸色，然后就想要讨好他。如果没有跟他时时刻刻保持联结，我就会觉得自己被抛弃了，那种失落的感觉就会浮上来，然后我就会想逃，不想面对这种感受。这就是因为我太重视感情。

所以，亲密关系会有问题，除了命中注定——你要经过这样的难关，碰到这个人给你一些苦吃，让你能够学到一些教训，就是你太重视对方，太重视感情了。如果你能够把自己的重心多放到工作上、事业上、生活的乐趣上、自己的爱好上，以及其他的亲朋好友身上，那么你的人生就会平衡，亲密关系就不会承载过多的负重和压力，就会比较容易维持下去了。

当然，有时就算我们没有把重心过多地放在亲密关系上，亲密关系也会出问题。

如果你不是很重视亲密关系的人，第一个问题就是你挑人的时候可能没有太仔细。第二个问题就是在婚姻当中，你没有好好维系婚姻的心。很多女人在婚变以后跟我说，她觉得给老公自由是对的，也不关心老公在做什么。很多男人就会觉得，有了孩子以后自己就被妻子忽略了，如果这个时候他刚好需要爱的话，他就会从婚姻以外找了。所以，这也是我们需要用心去看见的。

你在对方身上投射了多少期待和希望？

　　亲密关系为什么会这么难维持？因为这个世界就是我们自己内在的投射，而对方就是我们的放大镜。跟你越亲近的人，你就会有越多的阴暗面在他身上呈现，而且那是你内心深处完全否认或看不见的。其他不够亲近的人不会知道你这一点，但你会不自觉地投射在你的伴侣身上，让他来承担。

　　所以，亲密关系之所以会有那么多问题，就是因为双方太亲密了，没有距离，失去了那份该有的尊重。看对方很多行为不顺眼，却没能检讨自己，其实你能看到的对方的问题，你自己也可能有同样的问题。

　　比如，我在以前的一个爱人身上看到的一些缺点，我自己也都有，他就是我的放大版而已，他就像一面放大镜，把我所不想看到的、不愿意承认的那些面相，都放大了呈现在我面前。

其实，伴侣是来帮助你修行的，从某个层面来说，他就是一个老师。比如，你的伴侣不善沟通，遇事总是闷在心里，可能他就是来教你成为一个沟通专家，能够在他不愿意沟通的时候学习如何打开他的心扉，让他愿意跟你交流。

或者你的伴侣总是说谎，你知道这件事情以后很不开心。这时你要知道，一个人若非说谎成性，他说谎多多少少是出于那种天然的保护自己的习惯。为什么他要保护自己？因为没有安全感。所以，这个爱人是想要教你学会如何让他在你面前拥有安全感，能够给他一份信赖，让他愿意打开心扉跟你说实话而不用考虑后果。这就是我说的爱人能够帮助我们变得更好、来给我们上课、让我们学习的一个例子。

当然，运气最好的情况是，爱人就是你的伴侣，陪你一起探索这个世界。关于爱人的这三个面貌——镜子、老师、伴侣，其实在每个亲密关系里都是具备的，只是有的时候，我们自己的能量会影响对方呈现出不同的面貌。

我以前的一个爱人，他会把从来没有跟别人说过的话跟我说，我会觉得非常开心，因为他对我能敞开心扉，我也能带给他安全感，这就是一个比较好的循环。但是也正因为如此，我会在这份关系里刷更多的存在感，希望去诱导他更多地对我敞开心扉，让我更有成就感，更加认为自己是一个很棒的女人，因为我能让一个对其他人封闭心门的男人向我打开心扉。后来我才知道，他从头到尾都在欺骗我，所谓敞开心扉也是我一厢情愿的想象而已。爱情的虚幻由此可见。我也不禁感叹，爱情真的是一个需要降低智商才能玩的游戏，成年人恐怕已经玩不了了。

这也是一个需要自我进行体悟、觉察的过程，你要自己看到，你是拿这个亲密关系在做什么。我看到自己在亲密关系里的需索，而我以前的爱人也是需索比较多的，因为他从小没有得到过爱。我就像《爱得太多的女人》里说的一样，觉得他从小没有被好好对待，我应该让他了解他自己的潜能，通过我的爱让他发挥他的长处，然后变成一个不一样的、更好的人。

我想通过改造他来让我自我感觉良好，让我觉得自己很棒，我能用我的爱去改造一个男人，尤其是获得那个男人全部的爱。

我们的亲密关系有很多功利性，表面上说自己很爱那个人，可是很多时候我们在其中会有一些利益关系。比如，某些让我自我感觉特别良好的男人，我就会特别喜欢他。而有些男人是自我感觉过于良好，又非常自私，以自我为中心，他不会走出他的舒适区来迎合你。这种男人就不讨喜，无法赢得一般女人的喜爱，至少我不会喜欢。

在亲密关系当中，我们常常不清楚自己想要的是什么，也不清楚两个人互动的关系状况，就是带着这一份需索的感觉走进亲密关系。毕竟我们每个人，在生命当中都会欠缺爱，都需要陪伴。

如果你把对这个世界的安全感、自己的成就感以及爱的来源都放在一个男人身上，那么你的亲密关系肯定是会出问题的。

思考一下，你究竟放了多少期待和希望在对方身上？你有多少幸福是一手的（自身创建的幸福感），又有多少幸福是二手的（经由他人才能得到）？

如何接纳你的负面情绪?

常常有人说,亲密关系通常是把原生家庭跟父母的问题重新诠释出来。这是正确的。但是也不能够说死,很多跟原生家庭父母关系非常不好的人,却能够在生命当中拥有一份非常好的亲密关系。这就纯属命运了,说明他的人生功课不需要在亲密关系里学习,或者说,有些人就是来这个世界上"打酱油"的,来玩一圈,体验一下,不需要进化成长。

我有一个朋友,她很小的时候父母就离婚了,她是被姥姥姥爷带大的,而且也不是很受重视和宠爱,她从小就是一个非常缺爱的孩子。

长大以后,因为她长得漂亮,每次都会找到那些条件不如她好,但是非常爱她的人。她条件好,在亲密关系里就有点为所欲为,对方都是无条件地宠爱她、呵护她,她在亲密关系里找到了滋养,把从小没有得到的爱都找了回来。

但内在那个缺爱的感觉其实还是存在的，如果她没有拿出来面对并进行疗愈的话，随着时间的推移，她还是会在生命往后的日子里发生一些问题。

我看过很多这样的案例，刚开始的时候觉得很好，没有问题，可是到了一定的时间，困难就会发生了。这里所谓的"一定的时间"是什么意思呢？就是说这个人，他的灵魂准备好要面对这个挑战，准备好要面对这个课题了。

比如，我的那个朋友，她可能就会爱上其他人（其实，从我最初写这篇文章到现在，她的婚姻已经出现这种状况了）。但是她的老公对她很好，而她爱的那个人却是她得不到的，在这种爱而不得的挣扎当中，以前那种不被爱、被忽视、被遗忘、被抛弃的痛苦感觉又回来了。当这种感觉上来的时候，就需要去修复，因为这是我们从小到大就有的感觉，所以即使找到一个非常爱我们、对我们很好的伴侣，我们还是会在生命当中创造一些情境，让自己去经历这些没有被疗愈的感受。

对待这些感受，其实没有别的方法，就是要正面迎向它、愿意去接纳它。接纳还算轻松，因为有的时候情绪根本就是排山倒海而来，你没有能力去招架，更别说接纳了，直接就会被情绪淹没。

为什么会有这种情形出现？我深入研究之后终于了解，当我们自己能量低，身体疲倦又睡眠不足，或是生病的时候，我们内在的能量是控制不了情绪的。这个时候，我们就容易把以前内在的很多需要被疗愈的创伤带出来，负面情绪喷薄而出。这个时候，我们就让它去燃烧自己，虽然过程是非常痛苦的，想死的心都会有，可是如果我们忍耐坚持，等它燃烧过之后，我们就会感觉很好。这可能就是所谓的业力吧，要让我们经历"死荫幽谷"，然后重生。

怎样才能培养接纳负面情绪的能力呢？除了在生命当中寻找一些小确幸外，建立自己的一手幸福，让自己心情愉快，也是对情感的滋养。印度萨古鲁老师说过，人可以分成几个层面，头脑的、情感的、身体的以及能量上的。

在头脑层面，我之前的书讲了很多，应该有一些真知灼见了。

情感层面的滋养，就是希望大家能够在生活中有一些爱的人、好的朋友、喜欢的宠物、自己特别能够投入的兴趣爱好，让你的情绪有正面的滋养。

在身体层面，如果你的身体健壮，有肌肉、有活力，那么你生命当中这种排山倒海的负面情绪出现的概率就不会很高，而且就算它们出现了，你承受它们的能力也会比较强。因为内在跟外在是相通的，你外在的姿势正确、身体有活力、肌肉有力量，你的内在也会比较有力量。

最后就是能量层面，你需要借助静坐、冥想以及一些呼吸法，或者瑜伽、气功、太极等来帮助自己。

　　大家可以再看看这四个层面，看看你有没有在做一些提升自己的准备。当你提升了，在面对生命中一些创伤性事件的时候，你就能够游刃有余，驾轻就熟地去面对所有的挑战。

这点没修好，成了亲密关系的致命伤

　　我认识的一个人，她的前夫告诉我，他跟这个女人在一起的时候，她三番五次自杀，非常可怕。她真的会从阳台上跳下去，他追出去的时候没看到人，吓得魂飞魄散，然后发现她吊在栏杆上。可能跳下去之后，她求生的本能发挥作用了，于是抓着栏杆没有掉下去。

　　第二次也是冲向阳台，她以为阳台的玻璃门是开着的，没想到是关着的，所以把玻璃都撞碎了，幸好人没有冲出去，可是身上划了一个大口子。反正这个女人"作"得厉害，她的前夫很庆幸跟她分手了。

　　这么"作"的一个女人，却很有才华，长得也不错，后来跟一个小她十岁的男人在一起了，男人长得很帅，条件也很好，非常有艺术家气息。即便如此，这个女人的"作"病还是时不时会发作，闹到最后他们也离婚了。但是这个男的后来又来找她，两个人复合了。

听说有一次在公众场合，这个女人一到现场就很不爽，觉得没有受到尊重和重视，居然当场打这个男人。要知道，她当时也是六十好几的年龄了，就在公众场合打这个比她小十岁的五十多岁的男人，可是这个男人还是对她不离不弃。你说这有什么道理可言呢？

看到这样的事情，我就会问为什么，难道这个女人就是运气比较好吗？亲密关系里的一些致命伤究竟是什么？我看到我的儿子、女儿，我就知道他们两个人将来各自的亲密关系，可能一个比较顺畅，另一个会比较不顺畅。

我儿子脾气不好就算了，当他生气的时候，那种口出恶言的行为就很让人受不了，他也攻击过我，跟我吵架的时候就会说："你不是在写一些东西教别人吗，怎么自己还是这个样子？"我后来跟他讲："这个话是对的，可是你不要这样子讲妈妈，因为这非常伤害我们两个人的感情。"

有些话虽然是真话，可是不能说，我在这方面真是尝到了教训，所以会叫我儿子注意这一点。

在这一点上，我不得不佩服我女儿，即便在青春期，她也从来没有跟我吵过架。当然，她有些行为实在让我操心，比方说大冬天在北京，她穿一条单裤就出门了，而且不喜欢穿袜子，我就会说她，但是她从来都不回嘴，总是说"ok，ok，ok"。很多事情我问她可不可以，她都说没问题，可是到时候她就是不去做，只是表面上不跟你有言语上的冲突，不会用刻薄的语气跟你说话。

像我儿子这种讲话犀利又充满攻击性的人常常很不幸，在亲密关系中杀伤力是很大的。我的口才非常好，但它也是双刃剑。我很会讲一些深入人心的道理，因为观察精准、描述犀利，反过来，生气的时候我也会用这个天赋口出恶言去伤害我亲近的人。

我在这上面吃了很多亏，所以后来我在气头上的时候，就会有意

识地收敛，不再那么说实话、讲直话去伤害对方。记得有一次我和女儿说，我跟她爸爸说了些狠话，说了以后觉得好爽，我女儿回答说那好残忍，如果她生气的话，也许她也会忍不住这样说，可是之后就会觉得很不忍心，觉得很抱歉，后悔不应该这么说。

那时候我就发现，我跟我女儿的个性很不一样，我会在吵架的气头上口出恶言伤害对方，还觉得很爽。但是这样做，亲密关系肯定是会受到伤害的，对方能够容忍你的限度不会很高，除非像我前面说的那个女人，找到小她十岁的丈夫，这可能是她上辈子修来的福气，而且他们之间到底共同经历了什么，外人也无从知晓。也许她只是肢体暴力，语言不暴力。

如果我们没有这样的福报，我们就只好自己修了。

在亲密关系里，我们的言行都非常重要，有些人一发脾气就摔东西，做一些报复的事情，这在亲密关系里是很伤人的。

这些行为不能拿小脾气、公主病来作为借口，我们必须承认这是不好的，然后才能修正它。请大家诚实地面对自己，看看自己在亲密关系或是日常与其他人的关系中，有没有做到口下留德、手下留情，吵架不伤和气。

勇敢去面对你亲密关系中的症结

亲密关系最终的疗愈，是我们愿意去看见，在这段关系里，我们究竟把对方当成了什么，我们要求对方做到什么，我们怎样拿对方来刷自己的存在感，我们怎么利用对方来给自己成就感，我们怎么向对方索取爱、关怀和关注，我们是怎么样利用自己的付出来改变对方、修正对方、操控对方的。

如果我们能够清清楚楚地看到自己在亲密关系里，加诸对方身上的要求实在太多，我们就会学习尝试收回这些投射，愿意为自己的感受负起百分之百的责任，不再把对方当成我们理想中的父母，要求他们来完成父母当初没能完成的一些任务。

女人的自我成长是非常重要的。我为什么老要强调女人？不是因为我的读者大部分是女人，而是因为在亲密关系中，能够及早领悟理解，然后引导亲密关系走向正途的，多数都是女人。

我有一个朋友，她老公跟她两个人在疗愈亲密关系的时候，天天在课堂上吵，一两年了，每次上课都是这样，为了同样的事情反复吵。后来她老公不来上课了，她自己来，每次也说同样的故事，让人觉得很崩溃。后来她老公有了外遇，认识了一个年轻的情人，做了很多很过分的事。遇到这种情况，一般的女人可能早就离婚了，可是我这个朋友一直没有放弃这段婚姻。最后她老公就离家出走了。此后她一个人要照顾家庭，还要工作挣钱，同时还继续安心读书上课、修身养性。

有一年春节，她没有回家，一个人过。当时她一边搬家，一边自己唱着歌，很快乐。这个男人出不出现已经不重要了，她就是要把她眼前的日子过好，把该做的事情做好。

没想到，后来这个男人居然又回来了。刚回来的时候，他还试探性地看老婆原不原谅他，看老婆是不是还是以前那种母老虎的嘴脸。可是，因为这个女人自己已经修炼好了，她看到这个男人回来也就欣然接受，反正她对亲密关系的要求并不多，已经把这个男的当成亲人了。

现在这两个人非常甜蜜，常常一起出去玩，她也培养老公出来讲课，传授亲密关系的维持之道，毕竟他们走过了那段艰难的磨合期，有丰富的实操经验。

很多人说，亲密关系能够长久，最重要的是双方一定要是亲人的关系，而不只是爱人。因为是爱人就会有索求：你不给我想要的东西，或是在这段关系里我得不到我想要的，我就要离开；或是我就要对你不断地索求，把你逼得离开。

如果是亲人的话，不管你怎么样，你总是我的妈，你总是我的爸，你总是我的亲人，这辈子是分不开的。如果能有这样的认识，刚开始也许双方都会出现各种劣根性，反正你不会离开我，我就把我最恶劣的一面表现出来，就像我上面说的那对夫妻一样。

可是最终呢，这个男人回头了。当然这个男人的回头，百分之五十以上是命运的操控。因为他在外面没有碰到对他更温柔，让他觉得可以安下心来的女人，所以最后他还是回来了。

但是我们不谈命运，我们把亲密关系的责任拿回来，放在自己身上。设想一下，如果你是我的那个朋友，你会怎么做？我的那个朋友，她就好好地修炼自己，修到最后把这个男人看成她的家人。虽然那个时候她老公常常跟她吵着要离婚，可是她没有答应，坚持下来了。

我奉劝各位，在结束关系之前，一定要去多方咨询，问问双方的父母，即便父母有他们自己的考量，有时候观点不是很公正。也可以去问一些比较有智慧的朋友。不要觉得家丑不可外扬，不敢告诉别人，其实这没有什么。愿意把自己的痛苦和自己的一些问题倾诉出来寻求解答的人，通常都能够获得有效的帮助。越是闷在心里什么都不说的人，越可能会出问题。亲密关系最不可取的就是赌气分手，无法用成年人的方式理性面对，坐下来谈谈双方真正的感受。遇到挫折就轻言放弃，也是我的一个命门所在。现在我真的看清楚了：如果真的恢复理性，不要意气用事，绝大多数亲密关系到最后还能起死回生、柳暗花明，最终呈现出两人相扶相持到老的美丽晚景。

希望你能够勇敢面对自己亲密关系中的症结。如果看到自己需索过度，就要学会在情感上独立，学会一个人独处；如果看到自己轻言别离，动不动就想离开对方，就试着把对方当成亲人；如果发现自己口德不好，就及时修正。

就算你觉得自己就是命不好，老是碰上不好的人，也没有关系。你是可以改变命运的，只要你能改变自己的性格，将我分析的各方面进行自我修炼，让自己成为一个更好的人，你就会拥有更好的亲密关系。当你让自己成为一个更好的人之后，再吸引来的人就会不一样了。在亲密关系里，你会发现，当你自己改变了，对方也一定会随之做出改变。

敢于说出你的需要

　　我喜欢观察人、探究人性，因此常常可以看到很多不同的现象，能够了解人与人之间的差异。于是我更加确信，我们的人生，就是由自己的信念创造出来的。我观察到，那些真正想要某样东西的人，几乎没有要不到的。关键就在于你是否真心想要、敢不敢要。

　　我最近发现，的确有好多人是不敢主动要东西的。一般来说，敢要东西的人，都比不敢要的人过得好。那些非常敢要的人，虽然可能让你敬而远之，可是他们的生活通常都过得不错，也很有动力。

　　我就是一个比较敢要，也比较能接受别人付出的人，我很享受别人对我的付出，而且我自己也是非常大方和喜欢付出的。但是我观察到，很多人无法接受别人的馈赠，因为内心有非常严重的不配得情结。有一次在一个呼吸工作坊，我和一位漂亮妹妹一起做个案疗愈。当我温柔地给她按摩的时候，她无法完全信任我，一直不能放松下来。而当我移动她的脚的时候，她自己也会出力，好像不好意思把脚交给我。

个案疗愈完毕，我跟她说："你太无法接受别人的付出了，你一定要放松，心安理得地去接受，否则自己会很委屈，而且一再付出，情绪也会累积，对身体不好，对关系更不好。"她很惊讶我怎么能从短暂的身体接触中就抓住了她的命门。其实，这是非常明显的，她身上还带着愧对父母的印痕。我能想到，她小的时候父母一定常常用"羞愧感"来操控她，或是让她承担不属于她那个年龄的责任，比如为父亲或母亲的痛苦、烦恼负责。像这样的孩子，怎么可能好好享受人生并且获得幸福呢？

除了上面的这个例子，我们普遍不敢去要东西的原因是，在我们非常脆弱无助的童年时，我们向大人求救，希望获得帮助，可是他们也许太忙了，无暇顾及我们，让我们一再失望。长久累积下来，我们会在自己小小心灵中做出一个宣判和决定：一定是自己不够好，不配得，所以要了半天都没有得到自己想要的东西。此后你内心便形成一个想法：好东西都没你的份儿，哪儿凉快哪儿待着去，别再要东要西了。

小时候的这个想法，影响了我们一生。根据我自己的经验，那些敢于说出自己想要的东西的人，几乎没有不成功的。而有些人虽然看起来非常勤奋、努力，却屡屡失败。

其中的差别就在于：后者内在是没谱的，是匮乏的，他其实不相信自己的能力，也不相信自己会成功，这种自卑导致他非常努力地去追求成功，希望用成功来证明自己。然而这种努力是没有底气的，因为他内心深处的动力是想要证明自己不是一个失败者。如果这种人的座右铭改成"我是一个成功者"，那么他或许更能接近成功。

这两种动力产生的效果其实差很多。"我不是一个失败者，我要证明给'你'看"，是一个负面信念。其中的"你"，在他小时候，通常是指他的父母，而长大以后，这个"你"就变成了身边的所有人。他在意别人的眼光，随着别人的评判起舞，没有自己的中心。而"我是一个成功者"，是非常正向的信念。当你相信自己会成功时，你的一言一行、所思所想都会围绕这个信念打转，你使出的每一分力气都会把你向上拉提，而不是往下扯。

所以，如果你觉得生命当中欠缺了什么，可能就是因为你不相信你配得，或是能够拥有。那如何转化这种信念呢？一开始你也许无法说服自己，你是配得的。你也无法用一个念头就让自己相信，你可以拥有你想要的。所以，最简单的方法就是去要，厚脸皮地去要。

在生活中，我们要不断练习，把自己想要的说出来，不要不好意思。硬着头皮说出自己的需要，看看别人如何回应你，尤其是那些关系亲密的人。也许，你的生命从此就会有转机。很多人就是因为不敢说出自己的需要，导致对方不知道他的需求，而无法给出他希望的回应。当这种情况一再发生，久了就会产生怨气，给彼此的关系造成伤害。所以我认为，适当地去说出自己的需要，对所有的关系其实是非常健康的。

好 的 爱 情 ， 要 有 敢 要 的 底 气

PART 3 ——————— 创 造

影响我们人生的究竟是什么？难道就是命运吗？人到底有没有命运？我们可不可以掌控自己的命运？

可以说，当你无意识地生活的时候，你的命运一定是由你原来的生命蓝图掌握的。当然，你周围的环境对你会造成一定的影响，帮助你修订你的生命蓝图。如果只是随着这个生命蓝图演出，没有花时间去回归你自己、观察你自己，看看外面发生的事情跟你的内在有什么关系，那你基本上就被命运牵着鼻子走。

但是，如果我们能看到影响我们命运的因素到底是什么，我们就占了上风，有了胜算，我们就有机会去掌控自己的命运。

命运其实很简单，就是你的性格和你对事情的反应，你说的话、说话的方式、处理事情的方式，不断地在当下造就了这个因，然后在日后结成了那个果。即使你完全不去注意，这个因果关系也已经非常清楚地写在那里了。但是，如果你能够在这个因上有所改变，就是此刻你的心念、你做的事情、你的反应方式能够有所改变，那么你的命运也会随之改变。

大家都听过很多次，如果你内在抱着某种信念、想法或价值观，你就会不自觉地在你的生命当中做出对应的行为，或者吸引来对应的事情。反过来说，如果你有不被爱的感受，这个不被爱可能就是你的模式，或是你小时候因为父母的某些行为让你觉得不被爱，于是你就做一个决定："我就是不被爱的，别人都不会爱我，没有人会爱我本来的面目，所以我是一个不被爱的人。"

当你带着某种自己深信不疑的负面信念的时候，你就会释放出这种磁场，就会吸引来符合这种负面信念的人、事、物。

我们在自己的生命当中，去发现这些影响我们快乐和幸福的反应模式或信念价值，是一个十分重要的工作。我希望大家能够看到，你生命中那些妨碍你快乐和幸福的模式和信念究竟是什么。练习在你生命中找到这个一而再、再而三出现的场景、同样的感受，比如你不被尊重、你不被爱、你感到匮乏、你自卑、你没有别人好，或是别人的东西总是比你的好，或者你不甘人后、你输不起……

不管这些模式、信念、价值观是什么，如果你发现它们一而再、再而三地出现，那就表示问题出在你身上，是你带着这个能量包在到处走，所以不自觉地吸引来这种状况，或是不自觉地把某些平常的状况变成这种特定的状况。

好好地关注一下自己的生活，试着回顾一下，在过往的人生中，究竟有哪些我们不喜欢的场景、不喜欢的感受，一而再、再而三地出现。

01

人是否可以掌控命运?

我们生命中的很多困境，都是我们自己的个性造成的。什么时候我们能够开始回头修正自己的个性，改变自己的想法、态度和行为，那么我们生命中的很多困难和烦恼就都能够消除了。

关于命运，我们有多大操控权？

我们常常说命运掌握在自己的手中，我们要为自己打造一个心想事成的人生。那么，关于命运，我们到底有多大的操控权呢？

首先，我们来看一下，每个人生下来，命运都是不同的，这点大家必须承认，因为我们每个人生长的环境、本性、原生家庭等各方面，都不是我们自己能够决定的。

有人说，我们无法控制发生在我们身上的事情，但是我们可以控制自己对这些事情的反应。我不知道你赞不赞同这句话，不过我是存疑的。

你觉得你对事情的反应是你能决定的吗？如果是这样，那就不会有那么多杀人放火、行凶作恶的人了。如果你没有开始个人成长，如果你没有觉醒，如果你对自己不了解，如果你没有向内看，不知道外在很多境遇其实是自己的内在造成的,那么你就是一个随着模式运转的机器人,无法决定自己的反应模式。

比如大家都关心的亲密关系,有很大的概率跟命运有关。你的确可以看到一些轨迹:如果我没有碰到那个人,或是我碰到一个和我更加契合的人,如果我当时没有怎么样,我的亲密关系不会走到今天这一步……但是,为什么在当时对我亲密关系可以造成良性影响的因素和元素都不存在、不出现呢?这就是一种命运。

我现在回头看,知道自己当时可以做什么或是不要做什么,来挽救那次婚姻、挽救那段亲密关系,可是现在都已经太迟了。

很多人问我说:"德芬,你这一生过得很精彩,每次都是在非常光鲜靓丽的情况下华丽地转身。当年离开新闻主播的位置,离开新加坡的国际大公司的总部,离开你的婚姻,你总是那么有决断、有勇气,你是怎么做到的?"我可以随口跟你们说,是因为当时我觉得我必须做一个决断,我就决定怎样,好像是有一个前因后果,有一个逻辑关系在里面。其实这些都是假的,如果要我说一个真心的答案,那就是——我不知道!

我就是这么做了,我当时就有勇气说我不恋战,我可以走开,这不是我想要的,你要我跟你分析技术或是梳理逻辑关系,我说不出个子丑寅卯,我就是这样走出来的,并没有前因后果。

有些人可能会说,你的亲密关系这么糟,有什么资格说亲密关系。

可是我觉得亲密关系糟糕的人，反而有资格来做亲密关系的咨询和顾问。为什么呢？因为亲密关系很糟，我们才会去反思、研究，探索如何才能拥有良好的亲密关系。我们从哪里跌倒，就应该从哪里站起来，这就需要去做出一些改变。反观那些亲密关系很好的人，我常常去采访他们，问他们是如何维系良好的亲密关系的。被问到的时候，他们都是一愣，然后回答说："我没有想过这个事情，我们很少吵架，看彼此都非常顺眼。嗯，让我想想再回答你。"

每次听到这个答案，我就会很嫉妒，因为我知道他们就是循着命运的轨迹在生活，他们不是因为读了一本书、上了一堂课、听到一句话就改变了，而是以天生的性格倾向舒舒服服地做自己，自然而然就拥有一个良好的亲密关系。

所以，除非你能够觉醒，而且认真地反省自己，否则我们没有办法完全掌握自己的命运，这真的是一件无奈的事情。

做自己命运的主人

　　说到创造这个主题，有些人会问我怎么去创造。我说过，你真正想要做一件事情，真正喜欢一件事情，你的全部心思都放在这件事情上的时候，你自然而然地就会把所有的心力放在它上面，去创造出你想要的情境。怕的就是我们脑中想的是一回事，心里感受到的又是另外一回事。

　　比如你想追逐金钱，但是心里感觉自己不配得，或是你觉得有钱很好，但是又觉得钱这个东西本身是肮脏的、邪恶的。如果有这样矛盾的信念，你很可能就得不到你想要的东西。

　　那如何来改变自己这种状态呢？有一点很重要，就是我们不能老待在自己的舒适区，我们要试着学习脱离它。因为很多时候，舒适区是在给我们找麻烦，给我们带来一些困境，不冲出这个舒适区，我们就没有办法创造出我们想要的情境。

改变自己的个性其实就是一种创造。比如你原来爱乱发脾气，现在不乱发了；原来不敢做的事情，现在敢去做了；原来不想做的事情，现在愿意去做了；原来是打死不肯认错的，现在愿意去认错道歉了；原来很胆怯，不敢说一些直白的话，现在你学习让自己有底气，勇敢地把心里想说的话给说出来；原来是一个态度傲慢的人，现在知道要谦以待人了；原来是性子很急的人，现在也学会遇事三思了；原来是追求高效率的人，什么事情都想要立刻见效，现在学会了等待；等等。

我们生命中的很多困境，都是我们自己的个性造成的。什么时候我们能够开始回头修正自己的个性，改变自己的想法、态度和行为，那么我们生命中的很多困难和烦恼就都能够消除了。但是，怎样才能看到自己个性里需要修正的部分呢？

如果你生命中出现了让你痛苦的事件，你也许可以跳出来看看，自己是如何创造出这个情境的。你可以承担自己应该负的责任，反省一下自己究竟做了什么，让这个人这样对待你，或是如果你当初做些什么，这件事情就不会发生了。你可以这样问自己："如果再给我一次机会，我怎么样可以做得更好？"这样你就可以看到自己个性上那些需要修正、改变的缺点。

很多人都是宠着自己的个性，不去做任何自我反思反省，更别提去修正自己的个性。这样的人通常会在各种人际关系里受苦，因为你不改掉自己的个性,你身边的人肯定会受苦。而身边的人受苦,那你自己其实也好过不到哪儿去。

曾有人问诗人泰戈尔:"什么事情是最困难的?什么事情是最容易的?什么事情是最伟大的?"泰戈尔回答说:"认识自己是最困难的,指责别人是最容易的,爱是最伟大的。"

的确,我们大多数人会习惯性地把责任推到别人身上,指责别人,却认识不到自己的问题。因为我们眼睛都是向外看的,发生了不好的事情的时候,指责别人是最容易的,而反省自己是比较痛苦的。尤其是发生冲突的时候,我们都会有一些难以涵容的负面情绪,我们会倾向于责怪别人,把那些让人不舒服的感觉丢出去。

如果我们能看清楚这些问题,认清自己,看到自己的不足,愿意从善如流地去改变它,让自己的个性能够更加圆融,跟周围的人相处融洽,我们的生命就一定能够随之发生一些好的改变。

相信是万能的开始

当我们能够观照自己的意识，能够看到自己起心动念的时刻，我们就能够"创造"出我们在生活当中想要的东西。

前面我跟大家说过，如果你有一个很强烈的信念模式，那么你会不自觉地把这个信念模式创造出来，显化在你的生命中。

有三种方法能把你的信念模式变成事实。

第一种是，你会不自觉地吸引跟你的振动频率相契合的人来到你的生命当中。如果你有"我是不值得被尊重的，大家都不会尊重我"的想法或者信念，那么你身边就会出现不太会尊重别人的人，能量上就会起冲突。

第二种是，你会不自觉地把别人对待你的方式或行为，都诠释成他不尊重你。因为你自己带着刺，所以到处都会碰撞受伤。就像你戴着一副有色眼镜，看什么东西都是有颜色的。所以，你就会把别人的行为都诠释成他不尊重你，他瞧不起你。其实，真正瞧不起你的是你自己。

第三种是，因为你带着这个能量，你会展露出相应的气场，别人跟你在一起会不自觉地感觉到你这个人好像不需要被尊重，或是你太在乎自己被尊重这件事，反而会释放出一些能量吸引别人对你做出不尊重的行为。

知道这些以后，我们就了解到，在我们的生命中，有很多不喜欢的情境可能就是我们不自觉地创造出来的，或是经由我们的信念模式显化出来的。所以我建议，当你思考一个问题的时候，不要用被动的说法，你不要想这个问题发生在你身上了，你是"被如何"了，而是用正向的思考模式：我为什么创造了这个情境？我做了什么、说了什么、想了什么，所以会造成这个状况？既然我创造了它，那么我现在怎么样才可以改造它，把它变成我想要的？这是一个把力量拿回来，放在自己身上的思考方式。

希望你能够注意自己日常生活的信念模式，不要总带着受害者思维，觉得这个世界上的事情都是冲着你来的、找你麻烦的、让你受苦的。

我们要试着改变思维：我创造了这个情境，我创造了这个我不喜欢的状况，那我背后的信念是什么？后面的模式是什么？看清楚其中的动因以后，我们就不会被它戏弄了，我们就能够接受，是因为我们自己太敏感、太小题大做了，或是相信我们不配得到这个东西，虽然我们很努力地去争取，可我们就是得不到它。我们会发现原来我们心中有这个创伤，所以会吸引一些人过来揭开我们这个伤疤。我们愿意承认问题是出在自己身上，我们才能够去学习修正它。

我有个在北京的朋友约我去他家试车，我问试什么车，他说特斯拉。我非常惊讶，他不像是买得起特斯拉的人。两年前他就告诉我他预订了一辆特斯拉，他说他就是喜欢，刚好有一笔付首期款的钱，就先预订了。之后，他就信心满满地觉得自己非常配得。而且好巧不巧，他看中的那款特斯拉生产延期了，他刚好在这段时间里赚到了足够的钱，全款买下了那辆特斯拉。

那天我去他家试车，看到他志得意满的样子，我真的为他高兴。他就像一个魔术师一样，可以变出任何他想要的东西。

宇宙的能量场是能够回应你的感受的，如果你觉得你很想赚钱，你很需要钱，可是这个需要的背后是一种匮乏的话，这种匮乏必然带着一种恐惧。你带着这种恐惧的能量去追逐金钱，效果就不会很好，就算金钱来了，你也舍不得花，而且你的恐惧感也不会消失。

当你发愿想要一个东西的时候，你不能只是在头脑里想一想，在嘴巴上说一说，你整个人都要沉浸在那种状态里。就像我的那个朋友，他特别喜欢特斯拉，他就完全沉浸在对这辆车的喜悦当中，并且也采取了相应的行动来促成这件事情的发生,所以他最后能得偿所愿。

　　这就是一个很好的例子,你要真心相信你配得、你值得,你就更容易在生命中得到它。

宇宙只创造你所相信的，意识会显化你所决定的

在创造的过程中，如果有什么东西会严重影响我们的创造能力，那就是我们愿意承担责任的能力。

如果你觉得这件事情百分之百都是你自己创造出来的，那么你改变它、提升它的能力也是百分之百的。生命当中可能有很多你不想面对的事情，但如果你承担起责任，说："这是我创造出来的，我现在要改变它。"能做到这一点，你就能很容易重新创造出想要的东西。

我有一个朋友，三十岁出头，婚姻不是很幸福。有一次在电梯里，她碰到了一个男人，那个人也结婚了，而且结过两次婚。他们两个在电梯里就偶然间攀谈起来，这位男士不知道为什么，就是很喜欢她。他是一个上市公司的老板，非常自信、有魄力。他不管不顾地对我这个朋友展开了追求，过程当然很辛苦，他自己得去离

婚,还得劝我这个朋友离婚,最终经过种种艰难曲折之后,两个人终于在一起了。

这个男的前两次婚姻里生的都是女孩,一直想要一个儿子,而我这个朋友身体不太好,在第一段婚姻里根本没怀上孩子。可是几年过后,当我再看到他们的时候,两人已经生了两男一女,我的朋友身体也变得越来越好,脸色越发红润。她以前明明是怎么吃都胖不起来的虚弱体质,但是在现在这个先生的照顾下,不仅身体变好了,人也变得特别自信、快乐、恬淡和笃定。

而这位男士本来很花心,可是自从跟她在一起以后,也变成一个很顾家的男士,心也很安定。

我看到他们的状态,非常羡慕。为什么会有这种天上掉馅饼的事情发生在他们身上?只能说这就是他们的命运,他们天生带着福报。

看到他们的那个当下,我的确心生嫉妒之情,觉得凭什么她有我没有。然后我想到,当我们在创造的时候,嫉妒这个感受其实会阻止我们去创造更好的。比方说,我羡慕她、嫉妒她,可能心里承受不起这个嫉妒情绪的时候,我就会去攻击她,甚至可能会去诅咒她,说他们也长久不了,说这方面好,可能别的方面就不好。我们知道祝福给出去会反弹回来,诅咒给出去也会反弹回来,而且速度惊人地快。

当我们嫉妒一个人的时候,这个能量就是负能量,对我们自己也不好。如果我们自己管控不住嫉妒的能量,而且不能向外攻击,那么我们就会开始攻击自己，会对自己说，你看看人家都比你好很多，人家都能怎样怎样，而你却没能幸福……这是一个特别致命的自我攻击的负能量。

我们应怎样面对嫉妒之情呢？我的方法就是，感恩老天给这两个人幸福的姻缘，同时也相信我会拥有我自己的幸福，也许不像他们的这么好，那可能是跟我的过去，或是我带来的一些业力，或者说我的个性，以及这一生我所要学习的功课、我的课题有关。

总之就是带着一颗臣服接纳的心去看待一切，相信宇宙中的万物更替、循环是公平的，它会把你所需要的东西带到你的面前。虽然我羡慕人家拥有某个东西，可是这个东西对我的灵魂进化、对我的个人成长来说，也许不是最好的，那么我暂时就不能拥有。如果这样去看的话，我就能够把嫉妒化解，同时也能够安然回到自己的位置上去，看看自己想要的究竟是什么。

像上面我说的这个"童话故事"，不是每天都会发生的，而且我并不想要童话故事，我真正想要的可能是更多地了解自己，让自己的能量更加扩展，拥有更多的自由，让灵魂得到进化成长。

看到别人快乐幸福能够真心去祝福人家，也能够接纳自己的孤独，就能在孤独之后找到圆满和喜悦。我觉得这是在创造当中，我们大家都可以去学习的一个模式。

02

内在力量

你能够看到自己生命中那些比较紧张的关系，不管是跟亲人、爱人、同事，还是跟金钱、健康，你能够看到自己的哪些模式不能够带来幸福，哪些惯性反应是不对的，然后下定决心去改变，这样你才有资格说："我可以掌握自己的命运、创造自己的命运，而不是被命运牵着鼻子走。"

走出负面信念的阴影

我们都知道，很多创造是来自我们的信念，那信念又是从何而来的呢？几乎所有的负面信念都是来自我们未能化解的痛苦经验，也就是说，过去有一些痛苦的经验造成了我们一些负面的想法。

比如，小时候你看到父母为了钱吵架，给家里带来很多不安宁，于是你对金钱就形成了一些不好的想法，你可能会觉得金钱是一个不好的东西，它让父母吵架。

而有些人则会觉得金钱很重要，因为没有钱父母就会吵架，所以他就变得特别重视金钱、追逐金钱。所以，我们想要创造的时候，一定要看到我们生命当中，显化出来的各种事件和情境的背后有什么样的负面信念，而这些负面信念，如果是来自过去我们未能化解的痛苦经验，我们就要去面对当初创造这些信念的经历。

再回到刚刚讲到的我们对钱的信念。你可以回想一下，小时候你生长的环境，父母、周围的亲友对金钱的态度，他们对待你的态度，以及父母之间的互动，是不是塑造了一些你对金钱的信念？这些经验都可能会让我们对金钱形成一些既定的想法。这个时候，我们就要回到童年去感受一下，当父母吵得很凶的时候，我们是不是非常恐惧地躲在旁边？那时候我们年纪很小，没有办法涵容这个恐惧的情绪，我们当时的头脑只好出来救我们，会下一个结论，告诉我们：你看，金钱是一个很糟糕的东西，它让爸爸妈妈生气吵架，他们吵架都是因为金钱这个坏东西。

如果父母因为吵架分开了，我们的生活质量可能就会大大下降。虽然现在我们都长大了，没有父母的照顾也可以活得很好，但是这个既定的恐惧还在，我们会害怕面对冲突，尤其是金钱引起的冲突，我们没有办法去接纳由这些争执带来的负面能量，从而对金钱形成一种负面态度。

回顾一下，在你小时候面对父母争吵的时候，你内在的那个恐惧究竟是什么样子的？现在你在日常生活中，有没有碰到类似的、你不愿意面对的感受呢？当我们真的愿意去直面内在的这些负面情绪，不管是恐惧也好，不配得也好，还是无价值感、无意义感也好，我们看到它们了，允许它们存在于我们的身体和感受里，试着去接纳它们，那么我们就相当于从这些负面信念的诅咒当中解脱出来了，就可以不被它们控制了。

在我们生命当中，可能会有很多类似的负面信念，怎么去找到它们，一个一个去修正呢？我觉得应该从我们现在的生命当中最让我们感到痛苦的一件事情开始，去看看究竟有哪些负面信念造成了这种情形，然后再去找到造成这个负面信念的童年的痛苦经历，面对这些经历带给我们的痛苦以及负面的感受，以成熟的心态去面对它、接受它，那么我们的信念就不会再操控我们了。

找到自己的核心信念是非常重要的，我们可以问自己："我到底认为自己是什么样的人，才会让我有现在的这种行为、想法和感受？我为什么会感觉自己不配得、不被爱呢？这些都是真实的吗？"

负面信念不但会阻止我们去获取想要的东西，而且会使我们想要得到的东西看起来比我们不想要得到的东西更加可怕。这句话是什么意思呢？意思就是，你想要得到的东西可能是对你很好，但是因为你的一些错误想法，得不到反而比较合适。比如说，如果你对金钱有一个负面信念，你可能会觉得，得到金钱比得不到金钱更可怕。这些都是我们潜意识里的一个思考过程，在表意识的层面当然感受不到，否则我们都会认为自己是疯子。但是，看到事实的呈现——生活中你的确在为金钱所苦，就意味着，你潜意识里的信念是需要修正的。

这个时候我们就要去探究，我们之所以有这个负面想法，背后的负面情绪是什么？我们的感受是什么？也许是恐惧，也许是不配得，也许是无助，也许是失望……让我们好好地去接纳它们，一一地去面对它们，就像接纳一个孩子一样，去好好地安抚它们。这是创造中非常重要的步骤。

沉静下来，学会管理你的注意力

改变个性是一种创造，当你没有觉知的时候，可能顺着潜意识，在生命当中创造了很多你不想要的东西。所以我们讲创造，就是希望能够创造出一些我们想要的情境、我们喜欢的东西。

要做到这一点，你就必须注意到自己究竟有哪些负面的信念，能不能改变自己的个性，能否为自己生命中的情境负起责任，这几个都是"创造"的重要元素和基本条件。

我们的注意力，也就是我们在关注些什么，也是创造的一个很重要的基本元素。因为注意力就是能量，我们赋予什么东西能量，它就会茁壮生长，我们不去关注它，它可能就会萎缩甚至消失。

我们要看到自己每天把注意力放在什么东西上面——我们总是去关心那些负面的消息吗？我们总是会有一些恐惧，又不自觉地吸引一些让我们感到恐惧的事情过来吗？还是我们总是对金钱感到匮乏，所以老是告诉自己"没有钱就会怎样"，带着焦虑去关注那些会影响我们金钱运的事情？

我们的注意力放在哪里，我们带着什么样的能量去关注它们，是"创造"中非常重要的条件。当我们想要创造出一个正向情境的时候，我们一定要带着正向的注意力去关注这件事情。

观察自己的注意力在哪里，也是一个基本功。你可以注意一下，今天都发生了哪些事情，你的焦点都集中在哪里？这一天中发生了那么多事情，为什么你单单就记得其中几件，另一些事情就忘掉了呢？你可以做一个注意力检查表，看看自己的注意力都在什么地方。

在观察注意力的时候，你还可以做一件事情，就是当你发现自己的注意力又在关注那些负面的，会制造让你恐惧的、不舒服的东西时，你一定要有能力对自己的大脑说"停"——"安静下来，不要再去关注它了。我要把注意力放在我想要发生的事情上面，而不是我不想要发生的事情上。"

为什么注意力这么重要呢？有部影片叫《我们懂个 X》，讲述了一个灵性跟科学相遇的故事。它提到，每秒钟我们的大脑会接触到大概4000 亿位元的信息，可是我们的头脑不可能处理这么多信息，所以我们必须有过滤信息的能力，否则脑袋就要爆炸了。我们拿什么东西去过滤呢？就是我们的注意力。

有个笑话说三个人去火车站，火车来的时候他们正在附近喝咖啡，等到他们从咖啡厅出来去追火车，火车已经开动了，他们在后面拼命追，最后两个跑得比较快的人就追上了火车，没有追上的人就站在那里看着那两个人上了火车。

他突然哈哈大笑，旁边人都觉得很奇怪："就你没有追上火车，为什么还笑呢？"他回答说："因为我才是要搭火车的人，那两个人只是来送我的。"也就是说，那两个人的注意力在追火车这件事情上，忘了自己只是来送朋友上火车的。

想想看，如果我们把自己的注意力变得很偏狭，或者始终放在不该注意的事情上，那对我们生命的发展会有多么大的影响？让我们把心沉静下来，好好地管理我们的注意力吧。

还有一个可以管理注意力的方法就是：每天睡觉之前，想一下当天发生的哪些事情，是让你特别开心或是感恩，可以被称为"奇迹"的，找出三件这样的事情，把它写下来，最好有一个群体可以让大家分享这种事情，并养成习惯。这是个好习惯，可以帮助你每天将注意力放在正向的事物上，如此，你生命中的奇迹和美好的"意外"出现的概率就会大大地提高。

创造命运从改变固有的模式开始

我们没有办法改变命运，生下来是谁就是谁，生在哪个地域就在哪个地域，生在哪个家庭就在哪个家庭。

随后发生的对我们的一生影响巨大的事情——你在几岁的时候从乡下迁到城里，几岁的时候家里发生一些大事（如父母离婚、重要亲人过世、中了彩票、生意致富），也都不是我们能够决定的。

那我们是不是能够改变面对这些事情的反应模式呢？坦白地说，很多人的反应模式是天生的，而面对逆境，有些人的反应就是能够那么出彩。

我曾在微博上放了一个视频：一个四岁小男孩，在半年时间里先后失去了双亲，这个小男孩非常悲伤，但是他决定让周围的人笑，这样他自己就能够获得快乐，慢慢地他就变成一个快乐小天使，常常买一些小玩具到车站、机场分送给一些陌生人，大家被他的暖心行为逗笑，甚至拥抱他，他也从中得到了很多很多快乐，他丧失双亲的痛苦也就得到了抚慰。

如果你要问这个四岁的孩子："是什么驱使你这么做？你为什么决定这么做？你怎么这么有勇气从你痛失双亲的悲伤中走出来？"我相信他是没有办法系统、理性、有逻辑地告诉你他的思维方式是什么，他是怎么改变的。发生在我们身上的事情，不是我们能够掌控的，而我们面对这些事情的反应、态度，基本上也是天生的。但有些东西是后天可以学习的，那就是你自己最弱的那一环。

对我来说，我的亲密关系就是我最弱的一个命门。当我面临亲密关系失败的时候，我做了很多研究和探索，看看别人的亲密关系究竟出过什么问题，又是怎么好起来的。我也开始逐步检讨过去我做的事情，哪些地方是做得不周到的，是会破坏我的亲密关系的。

在进入一段新的亲密关系的时候，我就会非常有觉知，注意改变那些会造成我的亲密关系紧张的习性和模式，那么，我就可以改善自己的亲密关系。甚至，因为我改变了，我的振动频率也变得不一样了，所以会吸引到不同于以往的频率的异性出现。

这样是不是也可以改变我的命运呢？我相信是可以的。但是，我必须跟大家坦承一点，我是一个勇敢的人，我不愿意做受害者，把自己弄得苦兮兮的，我也不愿意把过错都推到别人身上，我愿意去承认自己的缺失，并且很坦然地说出自己的问题在哪里，然后获得指正，得到指教，进而去改变。

如果你问："德芬，你是怎么做到的？"我也只能跟你说："亲爱的，我真的不知道，我就是觉得我不想做受害者，我想诚实地面对自己。我愿意去承担，我想去改变，我要成长，我要进步。"

我还一直跟身边的朋友说，希望他们能够指出我的错误，如果我表现出了傲慢，如果我有做得不周到的地方，如果我有自夸的嫌疑或是自我中心的倾向，我希望他们能跟我说。

也许你还要问我是怎么做到的，我必须很谦卑地说："这是老天给我的，我没有强迫自己做到这一点。"

当我了解这一点的时候，我对别人就有了更多的慈悲。我们常常都是身不由己的，明明知道诚实是最好的策略，可是我们没有办法勇敢面对。明明知道责怪别人是让自己更加无力的方式，可是我们也没有办法面对自己内在的阴影和黑洞，于是我们把过错推到别人身上，让我们自我感觉良好。

我的方法就是，在哪里跌倒，就在哪里站起来。我会去看那些反应模式比较好的人，他们的做法是什么，然后诚心地去学习、效仿和改进，我相信这样就能够改变我的弱项，让我的生命更加丰富美好。

我希望你能够看到自己生命中那些比较紧张的关系，不管是跟亲人、爱人、同事，还是跟金钱、健康，你能够看到自己的哪些模式不能够带来幸福，哪些惯性反应是不对的，然后下定决心去改变，这样你才有资格说："我可以掌握自己的命运、创造自己的命运，而不是被命运牵着鼻子走。"

提升内在力量的实用方法一

在个人成长方面，我们谈到过很多问题可以通过成长解决。其中有些观念很好，可是落实到生活层面时，可能就发挥不出来了。因为我们的内在力量还是不够强大，想要能够真正地"化知道为做到"，在生活中应用我们学到的知识，还需要提升内在的力量。

印度萨古鲁老师曾说："一个人如果能够把自己的四个层面掌握在自己手里，就能够改变自己的命运，否则每个人可能都是自己既定的生命蓝图底下的一个工具而已。"也就是说，老天借由你去展现某种生活方式、某种生命的地图，你是没有权利去改变的，除非你能够觉醒，看见生命的真相。

这四个层面是身体、能量、思维和情绪，我们需要在这四个层面都能够去理解和掌控，才有可能去改变自己的命运。

首先跟大家谈到清扫思维的方法。关于思维，我们首先需要接触正知正见，同时，要时刻检测自己脑袋里想的那些信念，到底是不是正确的。一旦你看到自己的思维模式中，有一个受害者的声音，又有一个动辄批判别人的声音，你就要知道自己必须释放掉这些想法，不能处在受害者跟批判者的思维模式里。

一旦成为受害者，你就没办法去改变那件让你受害的事了；一旦你开始去批判别人，你就看不到更好的方法去跟对方互动沟通了。

最重要的一点是，要静下心来，陪着自己安静地坐着，让自己能够看到每天脑袋里的那么多想法，哪种想法是能够服务我们、对我们有利的，哪种想法是可以带给我们喜悦和欢愉的。

如果不去检视我们的思想，我们就会成为自己不良思维模式的受害者，我们当然会被生活当中很多事情困扰，会为生命中很多不愉快、不公平所苦。

我有个朋友，他姐夫有家庭暴力行为，他姐姐跟他说："这个男的虽然对我家暴，可是他至少还给了我一个儿子，我还是应该感谢他。"这个想法就是来服务她的，但是与此同时，她还是带着孩子离开了，只是她离开的时候没有怨言，她的想法是：我不想让我跟孩子处于暴力的环境下，但是对这个男人我还是感恩的，谢谢他给了我一个这么好的孩子。有了这种想法，她就不会成为怨妇，可以和孩子好好地开始新生活。这个想法是对她有利的，但又不会羁绊她，让她留下来继续受虐。所以，这就是一种好的思维模式。

如果你没有办法改变自己的想法，就说明你能量不够，或是你有一些情绪没有办法疏解。如果我总是觉得受害，觉得委屈，有很多悲伤，这些情绪如果不能流动，无法宣泄，不能够被看见的话，它会促使我去选择一个受害者模式的思维方式来看待我的人生，我就没有办法进行正向思考了。

你可以试着把情绪表达出来，也许是发泄式的动态静心、脉轮呼吸，或是跳舞、到大自然中去大喊大叫，来宣泄积压已久的情绪。

如果你已经感受不到自己的情绪，而你又想看清楚它们，你可以去看能够触动情绪的电影，让这些情绪能够自然地随着电影的剧情流淌，你就可以把这个悲伤哭出来，通过打枕头把愤怒发泄出来。如果是恐惧的话，你就深深切切地去感觉这个恐惧，让恐惧在你身上能够流动起来，不要去干扰它、阻止它。

有朋友问：跟情绪共处与跟情绪拉开距离，有什么不同？其实这两个是同时进行的，你看到的情绪只是你内在的一个能量呈现而已，你跟它拉开了距离，不被它带走，同时你允许它存在，它自己很快就会走了。它之所以不走，是因为你不但不允许它存在，还去抗拒它、压抑它，用很多不健康的想法去滋养它，如此你就没办法穿透这个情绪了。

你可以感受一下，情绪对我们的身体造成什么样的影响。如果它让你觉得心痛的话，你就在身体层面去好好感觉那个痛。

当我们看见自己的意识层面跟身体有这么亲密的联结之后，情绪和能量很快就会消散。这是一个基本的生活态度，如果我们连这个让自己成长和改变的基本态度都没有的话，那么我们看再多的书、听再多的课都是没有用的。

提升内在力量的实用方法二

我们的思维模式每天是用什么方式在运转，我们的情绪究竟是在什么层面上，我们是否了解自己的内在发生了什么事情，这些都是非常重要的。

当亲密关系破裂的时候，我最害怕的一种情绪就是孤独。以前我是一个非常善于独处的人，很喜欢自己一个人待在家里做自己喜欢的事情，也可以一个人出去上课、旅行。

我害怕的那个孤独感，其实是来自内心——无法适应没有人跟我时时刻刻联结、关心我、爱我的生活。在我失去了爱人，变回单身之后，我发现自己独处的时候会有很多悲伤、恐惧，不像以前那么轻松自如了。如果那个时候我的思维方式能够有所改变，把"独自待着"的这种状况视为我的日常，视为一个很难得的经验，那我是不是就不会有那么多不舒服、不适应的感觉了呢?

我也常常碰到很多夫妻之间龃龉不断，或是看到一些老夫老妻寡淡无味的相处状态，我会安慰自己：你看，与其在一个相爱相杀的关系里彼此牵绊，彼此妨碍对方的平静和快乐，还不如自己一个人待着。我在思维上做了一些改变，感受快乐的水平因此提高很多。

有一次我旅行回来，一个人走进家门，感受满室的空寂，我觉得特别舒服。没有另外一个人在，你无须为他留出一个能量空间，那种感受是美好的。突然一个念头出现："你这样一个人好可怜啊……"虽然那种孤寂感又出现了，但在能量上我还是非常舒服的呀！所以，这就是一个惯性思维的问题了。能自己一个人活得怡然自得，才有可能接纳一个合适的人进入你的生命，这个先后次序不能弄反了。

在身体层面，人过了四十岁以后，体力会不断下降，心力也会随之下降。本来以前是充满希望的，现在可能会变得悲观绝望；以前一两天可以过去的事儿，现在可能一个星期都过不去；原本可能一笑置之的事情，现在可能就会耿耿于怀。

所以不要把自己的身体视为理所当然，而是要好好爱护它。

保护身体的方法很多，最重要的是适度锻炼，有规律地出汗，这对身体的新陈代谢和血液循环都有非常大的帮助。此外，疏解自己的情绪也可以让身体舒压。充足的睡眠、健康的饮食、适度的运动，就是保证健康的铁三角要素。

在能量层面，我建议大家一定要抽时间独处，这样你就可以把你的注意力放在丹田，感受一下自己能不能在那里储存一些能量。

此外我也会去健身，当肌肉有力量的时候，我就感觉我的精神能量变强了。你的能量充足了，才能够吸引你想要的东西来到你的生命当中。

一般来讲，在你专注于事业的青壮年时期，你的精神能量一定要足。聚集自己的能量，让自己保持身体状况良好，才能够保持旺盛的生命力和战斗力，进而掌控自己的人生。

03

你是一切的答案

　　个人成长的修炼在于修我们自己，而不是修别人。关系是非常重要的一个修行道场，但也不是修这个关系，而是修这个关系带给我们的烦恼、痛苦和嗔恨。

成长唯一的条件是改变

我们知道，人被唤醒之后，意识层次提高了，就会看到自己内在运作的一些模式和限制，才能够去干预自己的一些惯性行为，不被旧有的模式牵着鼻子走。我们也才有可能改变自己的命运，创造出自己想要的东西。

我在演讲的时候，常常有一些读者问我："你的书我都看了，线下课也上了，可我还是有这个烦恼、那个问题。"这个我在《重遇未知的自己》里说过，无论你磕了多少次头、拜了多少上师、上了多少课、做了多少外在的努力，如果你不去面对自己内在的一些阴暗面，不去改变因为自己内在匮乏、阴暗而导致的一些自我毁灭或是破坏性的行为，那么你所有的努力都是白费的。

因为受害者心态而造成的攻击、埋怨、用负面的眼光看事情，是我们比较常见的破坏性行为，还有一种基于"圣母情结"的破坏性行为——觉得自己要为别人牺牲甚至去拯救别人，生命才有意义。

以拯救别人或是为别人付出作为自己的生活动力，其实也是一种自我破坏的行为。这样的人，无论在生命中拥有多好的运气和资源，都只能创造一个必须自我牺牲奉献、为别人无止境付出的情境。

所以，我们要了解的一件事情就是，你此刻生命当中所有的情境和事物，包括你身边吸引来的人，都是你自己创造的。我们从小到大，一直在探索、在学习、在了解这个世界，可是我们了解的这个世界可能只是一个外在世界，我们看到的很多东西都可能只是假象。因为我们没有进入自己的内心世界去真正地探索，去发现真相。这可能要归咎于从小接受的家庭教育和整个社会价值观的影响，看起来是大众认同的价值观，却无法让你幸福，其中最主要的原因是我们曲解、误用了这些价值观。我们的确有能力创造自己想要的人生，但我们必须切切实实地回到自己的生命中，愿意去成长。

很多人也会误以为，成长就是去上很多课、看很多书、能够说出来很多道理。并不是这样，成长其实是改变。如果你的生命形态、你的行为、你的言语，以及你看待人、事、物的方式一直都没有改变的话，那你就没有成长。

成长的唯一条件是改变，行为上的改变、言语上的改变、观念上的改变、思维方式的改变。我们到底有没有下定决心改变呢？

有时候我看到一些人的行为，然后反观自己，发现改变真的是非常困难的。我以前是决不会跟别人道歉的，现在我已经学会了道歉，做到改变了。如果我发现自己有任何负面情绪冒出来，我就知道是自己看待事物的观点有问题，我就会去探索、去研究，然后加以改变。

在我们的生命当中，负面情绪其实是一个警钟，告诉你，你现在正在以不正确的观点和思维方式看待人、事、物，你创造了眼前这个你不喜欢的情境，因而引发了你现在的负面情绪。这是我们在生命当中必须时时刻刻去注意的一件事情。

成长修行不是短暂几天的修炼，或是每天听几分钟课程就可以做到的，而是要时时刻刻在当下，把所有的负面情绪当成一个警钟或是一面旗帜。

当负面情绪冒上来的时候，你就要知道此刻你是在创造，那是你想要的东西还是你不想要的东西，它的源头在哪里，请你回头看一看。

我们没有办法把自己创造负面情绪的源头归于他人，或是归于外物和外境。不是外在的东西在影响我们的快乐和幸福，而是我们自己内在运作的模式。把生命中的负面情绪，都当成自我负责的一个起点，然后去看该怎么做、怎么改变、怎么成长。这是一个必须培养起来的习惯，更是重要的成长与改变。

创造自己想要的情境，从改变内在状态开始

我最近读了一本书，叫作《梦想密码》，是亚历山大·洛伊德写的，他的第一本书是《疗愈密码》。《梦想密码》谈到了如何创造我们自己想要的情境，虽然我在《遇见心想事成的自己》里也写过，但是我们的观念是如此根深蒂固，需要从不同的角度去攻击它，才能把我们这些顽固的观念城墙逐个击破，真正学会不同的行为模式和思维方式，来改变我们的人生。

这本书里提到，我们创造东西的时候一定要有一个目标，而且那个目标最好能够结合我们自己的内在状态。为什么呢？比如你想拥有五百万的存款，你先要想好有了五百万存款以后你的感受是什么，把那个感受视为你的目标，否则，如果你觉得一定要拿到五百万之后才会愉快、喜悦，那么在追逐五百万的过程当中，你的压力就会非常大。

你不可能经由一个不喜悦的旅程，而达到喜悦的终点。如果你在过程当中不快乐，有很多压力，那么到达终点的时候，你也不会快乐。

所以，我们设立目标的时候，以一种内在状态为导向是最好的，外在的一切都不需要改变，你要改变的就是内在状态，这样就可以达到你的目标了。

当你改变了你的内在状态，外在那个你想要的东西就比较容易得到。内在状态是：我拥有了五百万以后，或是我拥有一个美好的亲密关系后，我会有什么样的感觉；我可不可以现在努力，先把我自己内在的这种感觉培养出来，然后外在层面我就循序渐进做我该做的事情，如此，我想要的东西就自然而然地一定会来。

把内在状态视为真正的目标的另一个原因是，一旦你拥有了它，就没有人可以把它夺走。

比如说我得到了五百万，我真的开心快乐了。可是万一有一天我又失去了这五百万，那是不是就立刻失去了原来的喜悦？如果你把内在状态设为你的目标，你就永远不会失去它。长久以来，人们都认为只有拥有了外在的某个东西，自己才能够快乐。其实这是倒因为果了，如果你自己的内在状态能够达到那个境界，那么外在你想要的东西其实都会来。

在《梦想密码》中，作者提出了一个比较新的观念：我们可以有一个成功的欲望，但这个成功欲望跟成功目标是不一样的。比如这个欲望可能是一个外在的东西，我想赚到五百万，我想拥有一栋房子，我想拥有一个好的亲密关系，我想要我的孩子怎么有出息。这是一个成功的欲望，而成功的目标永远都是我们要专注于此时此刻、活在爱中，去做为了实现那个欲望必须做的一些事情。

有些人以为心想事成，就是坐在那里从心里去想，愿望就可以实现了。不是的。你有了成功的欲望之后，你还是要去做实现欲望必须做的事情，但是也要放下对这个成功欲望的执着，把结果交给命运，让它去执行。

我在《遇见心想事成的自己》里讲的很重要的一点就是，当你许下那个愿望以后，你必须放下，放下对结果的执着。因为有的时候，宇宙或老天想要给你的东西，可能比你想要的更好，如果你太执着于那个结果的话，不但给自己带来压力，同时还会限制宇宙原本给你的东西。

首先，成功的欲望必须符合客观规律，不能说我今年都七十岁了，我还想去做铁人三项的选手。其次，欲望的定义要符合爱，不能说要从别人手里夺走一个东西或是去破坏别人的幸福，以损害别人的价值为代价去实现这个欲望，这就不对了。

终极的成功目标，永远都是一种内在状态，你外在的欲望必须跟内在的状态是一致的。我们的欲望获得满足以后，我们内心一定会有某种感受，现在我们就先努力让自己体会一下那种感受，然后再去做实现这个欲望应该做的事情。

这个欲望通常是发生在未来的，但是我们为此而确定的成功目标却是此时此刻就可以执行的，它符合客观规律、符合爱，是我们自己可以控制的，而且在此时此刻，我们就可以让自己进入那种感受当中。

想象一下你成功的欲望是什么，你想要达到什么样的目标。也就是说，你想要达到什么特殊的内在状态。试试看，能不能让自己在那个状态里待个几分钟，想象自己已经拥有了你想要的东西的那种满足和喜悦，然后放大那个感觉，让它沉淀到你的心里去。

随时回到你的能量中轴线

　　我想给大家提供一个能够在生活中用得上的方法，那就是，我们先决定一个终极的成功目标，这个成功目标是一个内在的状态，也就是你想要体验什么样的感受。比如说，你希望自己能够拥有爱，随时都很平静、很平和，或是喜悦，或是觉得满足，或是觉得生命中充满了生机，有挑战，有很多成功的感受和回馈的喜悦。

　　决定了自己的内在状态之后，再举出你想要努力实现的一个成功的目标，这个目标可以是外在的东西。比如说，你很想成为什么样的人；或是希望成立一家公司，做出一番事业，或是希望能够挣到多少钱；或是希望有一个灵魂伴侣；等等。

　　接下来，你就要想象这个外在的成功欲望，你能不能看到它实现以后的具体画面。

眼睛闭上，在你心灵的荧幕上，看到你的愿望成真的画面，去感受一下。如果这时候有任何阻碍你想象愿望成真的负面感受、信念或画面，你可以在0—10这个区间对自己的负面感受进行评估。0代表完全没有这个感受，表示没有任何阻碍，你相信自己的成功欲望一定会成真；10就表示你根本不相信它会成真，这是一个空想。

这个成功的欲望一定要符合生活的实际，不能是好高骛远的。同时这个欲望也要来自爱，跟你想要的内在状态是一致的。你可以给自己打分，如果你觉得现在阻碍很大，你不相信自己能够在三年之内挣到五百万，就在0—10区间给自己打个分。如果你不相信的强度达到7分，这时候你就可以运用一个工具，叫"元氏技术"。它非常简单，就是想你自己的中轴线，这个中轴线可以是你的脊椎，或是想象从你头顶的顶轮，有一条线直接到你的海底轮，这就是一条中轴线。

这个中轴线其实是一个无形的能量场，只要能够随时回到这个中轴线，我们的能量就是正的，就能够化解当时所有的负面想法。你试试看，用想象自己中轴线的这种方式，去感受一下围绕你的成功欲望所浮现的负面感觉或是信念，然后去消融它。随着呼吸感受这个信念，中轴线是会帮你清理能量场的，一直到这个负面的感受和想法消失以后，你就成功地改写了自己的内在程序。

但是这不是一天两天就可以达到的，至少要认真地执行21天才能够真正地移除，并且改写和成功欲望有关的一些负面信念。如果每天能够真正地去实行，你就会发现生活质量明显提高了。

记住你的成功目标必须符合客观规律、出于爱，百分之百能够操控在你自己手上。也就是说，如果你的目标是想要改变你的爱人的话，那结果就不是百分之百操控在你手上的。

欲望需要从外在去实现，所以你必须从外在找到方法，或是寻找一个系统的方法，来实现成功的欲望。比如，你想找一个非常好的伴侣，但你不可能一天到晚把自己闷在家里，不出去参加活动。你可以经常登录一些相亲网站，或者是多跟朋友出去旅游，给自己制造一些机会，让宇宙给你的祝福能够有渠道流到你这里来。

如果你的成功愿望是想要有一个很好的事业，就要非常理性地去检视自己所拥有的条件，针对你要从事的工作去做一些市场调查，同时去请教一些真正有智慧的过来人，打开心去聆听、去学习。

人最害怕的一件事情，就是你有一个非常想要的东西，欲望非常强烈，而这个欲望遮蔽了你原本明智的双眼，让你的理性变得不堪一击，这时就会做出一些错误的判断。在追逐金钱、事业的过程当中，这是一个致命弱点。所以，我们在修改内在程序的同时，也要去注意外在，让自己的行为合理化。

我邀请你感受一下此刻的你自己，有哪些负面的信念或是恐惧、挫折、愤怒，甚至嫉妒，然后试着想象自己的中轴线，想象一道光照进你的中轴线，随着你的呼吸进出，让它去清理你负面的感受和信念。

所有问题的答案都在你心中

大多数人都存在问题，如果能够按照我说的方法去修行，朝那个方向去前进的话，就能够逐渐改善。可是我发现大多数人都喜欢把自己的注意力、焦点、精力、时间以及头脑里的左思右想、各种纠结都放在问题上，而不是放在怎样增强我们自己内在的力量、对这个实际状况有所改进的各种方法上。

无法聚焦的问题，导致很多人一开始感觉很好，可是很快又恢复原状。这是我们的惯性模式，只要不注意，只要不用点力，就会自然而然把我们带回到原来生活的轨迹中。

问题的答案其实都在我们的内在，如果我们内在有力量了，或是能够从一个更高的视野和维度来看问题，很多事情都能够得到解决。可是我们往往就停留在原来的层级上，像一团乱麻一样混在其中，每天浑浑噩噩地过日子，就是不肯从别的角度拔高自己的视野，好脱离让我们备受困扰和烦恼的困境。

我举过一个例子，如果今天一楼的院子里有一只大老虎，你会很害怕，你会想要用各种方法去对抗它，或是想要逃跑。但是，人跟老虎的力量对比是悬殊的，你没有办法战胜这只老虎。除非你有武器，可以将它一枪毙命，否则你怎么面对这只老虎呢？也许你还可以用各种躲藏、抗拒、斗争的方法，但这些会让你疲于奔命。如果你能够上升到二楼，这只老虎对你的威胁就不会那么大了。

这本书里谈到的很多方法都是帮助大家提升自己，可是依然有很多人宁可在"一楼"跟自己的问题混战，也不愿意拔高自己的维度。如果你不改变自己看待事物的方式，不改变你应对事物的方法，那么烦恼永远是烦恼，痛苦永远是痛苦，你永远没有办法解脱。

有人问："二十年的婚姻里都没有愉悦的感觉，是我自己的问题吗？"我会说百分之九十以上都是你自己的问题。绝大多数问题的症结都出在我们自己身上，只要我们改变了，婚姻就能改变，对方也会改变。

还有人问：老公有家庭暴力行为，孩子七岁了，我时不时要忍受老公的肢体以及语言暴力，该怎么办？我自己有离婚的经历，一般是不赞成别人轻易离婚的。但是在有些情况下，我会赞成离婚，比如有家庭暴力，这是让人无法忍受的。也许你会觉得自己是个受害者，可是这种受害，也是我们自己的容忍造成的。在他第一次动手时，你就应该让他知道他绝对不能再打你，否则你会不顾一切地跟他抗争。如果你是这种很坚决的态度，那他就不敢再度动手。家庭暴力一旦成了常态，要戒掉是非常不容易的，而且对孩子也会造成不良影响，会严重妨碍孩子的心理健康。所以，这种情况下，我赞成离婚。

其他情况，比如赌博欠了一屁股债，或者总是喝酒，对家庭不负责任，在外面有情人等，如果离了婚以后，你觉得你自己会过得更好，我赞成你考虑离婚。但是，我也看到很多有上述这些情况的夫妻，女人忍过来了，男人后来也改邪归正，最后两个人相濡以沫，共度晚年。

也有一些人，在家庭暴力之下还愿意维持婚姻，实际上是因为她认为离婚之后面对未知的恐惧和来自各方的压力，比忍受暴力要痛苦得多。所以，她宁可不要面对离婚带来的恐惧和压力，而愿意承受暴力，但是这对孩子来说是非常不公平的。

没有一个孩子愿意在充满暴力的家庭环境中长大，很多单亲家庭养出来的孩子也非常健康快乐。因此，你要看看自己真正的恐惧是什么，而不是一味地在婚姻当中迁就忍让，更不要拿孩子当借口。你快乐，孩子就会快乐。理性地解决家庭问题，为孩子树立一个好榜样，这是父母可以给孩子的最佳礼物。

还记得我说过的皮格马利翁效应吗？我们和亲密的人的关系，其实都是用我们的言谈举止一点一点雕刻出来的。请大家检视一下自己，在那些困难的领域，你究竟贡献了什么，贡献了多少，才造成今天这种情形？而你可以做出什么不一样的行为，能够让这个情况回转？

最重要的是，你能够让自己很快乐

很多朋友的问题都是纠结在亲密关系上，有的说老公很喜欢冷战，她自己受不了冷战，不知道该怎么办；有个朋友说，在婚姻里没有安全感，所以工作非常努力，以获得更多的报酬，增加安全感，但是在她挣钱养家的时候，老公常常喝酒吵闹，甚至威胁要离婚，她不知该怎么办；还有一个朋友说，她是"乡下来的"，只知道工作和带孩子，不懂得经营自己。

当你理直气壮地说自己是"乡下来的，不懂得经营自己"时，你就是没有对自己负起责任。为什么乡下来的女人就一定不懂得经营自己？你可以好好学习啊！为什么就给自己贴上这么一个标签呢？在婚姻里，如果你不懂得经营自己，对方自然也不会珍惜你。

皮格马利翁效应指的就是，在一个亲密关系里，对方总是被你的一言一行、一举一动影响，所以他呈现出来的面貌和对待你的方式，都是你不断地一点一点雕刻出来的。

有个朋友说，她老公每天就是爱看电视，爱"葛优躺"，总是不跟她配合，该怎么办。

你可能会觉得：我是很努力地雕刻他，想让他变成一个积极乐观的男人。但是，这是一方自以为是地在雕刻对方，而真正的雕刻刀不是表面上说的合作、努力，不是言语上的责怪和要求，而是你潜意识里隐隐约约表露出来的能量状态。比如自称不懂得经营自己的乡下女子，她的能量状态就是：你可以欺负我，你可以看不起我，你不要爱我，因为我不配得。

而那位说老公很懒散的朋友，可能她透露出来的能量是，家里的事情我全包办了，男人就是没用的，我也不指望你了，但是你可不可以稍微配合一点，帮我做做事，不要那么懒。在这种情况下，老公会被她越推越远。

所有亲密关系里的问题，都可以回到自己的内在去看一看，你是不是用直接的、间接的、有意的、无意的各种暗示和能量，把对方变成今天这个样子。

如果对方使用暴力，做了很过分的事情，其实多多少少也是我们的潜意识以及能量场所允许的，他才能够一而再、再而三地伤害我们。所以，想要成长，最重要的就是不要把所有的目光焦点都放在对方身上。

还有个朋友说，她每次看到丈夫去打麻将，就像世界末日来了一样。如果是这样，她多可怜啊，打麻将对她而言究竟代表什么呢？为什么其他人的老公爱打麻将，人家的感情还很好呢？她如果愿意诚实勇敢地去看这个问题，就知道问题是出在她自己身上，而不是在丈夫身上。

她能不能在他打麻将的时候过得很好？这是一个挑战，但是她却把焦点放在他打麻将这件事情上。亲爱的，我们改变不了别人，何不试着改变自己？虽然比较不舒服，但是比改变别人容易多了，也比较不容易在生活中造成一再重复的冲突和痛苦。

我有一个朋友，她老公一去喝酒，她就很瞧不起他。其实，她老公也没有其他不良嗜好，而且非常爱她，但是每次他喝醉酒，她就不高兴。我就跟她说："你老公有他排解压力的方法，他对你那么迁就忍让，内心肯定会有一些委屈，可能需要用喝酒的方式来宣泄，你就包容一下嘛。"

被冷战的那个朋友也是，对方跟你冷战，你能不能试着在冷战当中找到自己的平衡点，让自己仍然过得愉快呢？不管对方出什么招，你都能够让自己很快乐地活着，这才是最重要的。不要让自己像个牵线木偶一样，所有的主动权都在对方手上，他一个动作就勾起你某种必然的反应，这样多没劲儿啊。

　　我也经历过亲密关系的挫败，不管表面上的问题是什么，如果你都有办法让自己过得愉悦自在，那么你就能够化腐朽为神奇，妥善地应对、处理问题。这需要你的内在力量发挥作用，什么时候你的内在改变了，有力量了，你就到"二楼"了，"一楼"的那只大老虎自然就对你构不成威胁，事情自然而然能够化解了。

　　亲爱的，我们不要在问题的表象上较真，要回到自己内心去改变一些想法，改变我们的行为模式，这才是真正的解决问题之道。

　　什么时候我们能够不把眼光放在对方身上，能够放过对方，同时自己把生活愉快的责任扛起来，这样对方去打麻将也好，去喝酒也好，和你冷战也好，你都不受影响。我们要学习在最艰苦的环境下愉悦地过日子，如此我们就什么都不怕了。所以，建立自己的"一手幸福"格外重要。

管好自己的事情才最重要

有关父母的问题很多，有的人的母亲频频出轨，父亲花天酒地；有的人的父亲离婚再娶后夫妻关系不是很好，父亲老在外面找别的女人，他很同情继母，但又不知道该怎么办。还有些人觉得身边有比较亲近的亲戚很爱控制人，让他觉得很难过。

人们的问题太多了，有些人就是无法跟父母沟通，很不耐烦，总想逃避，稍微想跟父母划出一点界限，又会觉得自己很不孝顺。我讲过很多关于与父母的关系的事情，问题的焦点都在于，我们究竟是怎样做人的。

如果你自己内在有很多冲突、纠结没办法处理，那么当出现上述状况的时候，你就没有能量去做一个中正的人，你就会受到他们的影响。

　　如果你心里有底气，知道自己的生活应该怎么过，每天内心都很平和充实，那么不管外界怎么样，你都能够跟自己相守在一起。

　　在这样的基础上，你再看你生命中的事情，感觉就完全不一样了。管好自己的事，当我们以此作为生活的一个绝对标准时，我们的生命将会完全不一样，其他任何人都不会打扰到我们了。

　　个人成长的修炼在于修我们自己，而不是修别人。关系是非常重要的一个修行道场，但也不是修这个关系，而是修这个关系带给我们的烦恼、痛苦和嗔恨。

　　比如，这个亲戚很爱控制人，如果换个个性更强的人跟他相处，他可能就没法控制了。所以，可能是你自己过于软弱，无法挺起腰杆，才受制于人。比如，有些人的父母出轨，他也不觉得有什么异样，自己每天日子过得很好，偶尔回去看看他们。出不出轨是父母自己的事情，让他们自己解决，他过好他的日子就行了。也许你们觉得这是自私，但是不自私的话，天天跟这些人、这些问题纠缠在一起，你觉得这就是好事吗？你的目光都在他们身上，那你自己的问题、你自己的内心，谁来关注呢？

　　跟父母的沟通还有一个很重要的问题，就是我们在父母面前总是不自觉地矮了一截，变成一个小孩子，拿小孩子的能量去跟父母沟通，这样你肯定是处于下风的。

　　沟通最糟糕的就是，你带一个潜在目的去沟通——我希望改变你，我希望你看见我，我需要你赞赏我，这种沟通绝对是无效的。或是你还处在一个盲区当中，没有看到双方的立场是什么样子的。对方的目的根本不是关心你，他只是要来改变你，为的是他自己的最高利益而不是你的最高利益。这个时候，你就要划出界限，为自己设置一个边界。

我有时候也觉得很沮丧，人生的智慧说得再多也没有用，大家还是有这样那样的问题。为什么改变如此困难呢？最主要的原因是大家还是习惯问题来了就解决问题，而对自己的成长没有丝毫的兴趣，只想着把对方修正、把事情摆平。至于自身，不想承受任何不舒服，不想做出任何改变。可是，真正的成长是要经过阵痛的，不仅需要你走出舒适区，打破自己的惯性，还需要你真正地做出改变，这样所有的问题才能够迎刃而解。

如果不这样，这些问题在你的生活中就会层出不穷。

感恩有你，让我们一起活出更好的自己

在讲课、写书的过程中，曾有很多人向我提出他们的疑惑，而我希望他们的问题也能在一定程度上启发你。

有人问："我对金钱有障碍，虽然自己知道需要去克服，可还是摆脱不了自己原来的模式，怎么样才能疗愈呢？"

你已经看到了模式，觉得控制不住，那就每次努力一点点，一直到真正的行为改变发生。改变、成长是不会舒服的，如果你事事都要舒服，还想克服对金钱的障碍，那就好像是希望有神仙给我一片药、摸摸我的头，告诉我什么都不用做，只要心想就能够事成。天下当然没有这么容易的事情。

自我成长没有速成的道路，追求速成的人就是在逃避痛苦，逃避痛苦就等于没有成长。这一点我们一定要达成共识，才能够继续走下去。

比如有人从小到大一直害怕与人沟通交往，害怕犯错误，害怕触怒别人，害怕面对领导，这些都是没有自信的表现，怎么样才能跳出自己的舒适区、改变自己呢？

每次紧张的时候，就提醒自己静下心来，好好地去面对此刻紧张的感受，接纳它，并放下对它的需要，然后你该做什么就做什么。而所谓没有自信，其实就是怕出错、怕被嘲笑、怕被拒绝，不喜欢窘迫、丢脸的感受。同样地，要学会和这些感觉在一起，不要排斥它们。当你能够接受这些感觉并且欣然与它们共处的时候，你就会成为一个自信的人。关键是一定要去实操，不去实际地把它做出来，神仙也帮不了你。

如果不喜欢现在的工作，你要分清到底是灵魂的呼唤，还是"小我"的问题。当你做一件事情真的感到喜悦的时候，那就是你该去做的。我一直很喜欢做创新的事情，我最早的工作是电视新闻主播，我很喜欢，就去做了，后来觉得没有什么新鲜感了，就开始追寻别的事业。我在写《遇见未知的自己》以及后来一些作品的时候，因为觉得自己是在创造，所以很有动力。

现在我又觉得我应该创造一些新的东西，我就会继续往前走。接下来的新领域，可能是去探索戏剧、影视。总之就是喜欢什么，就去追寻什么。跟自己的心联结，看看自己到底喜欢什么、不喜欢什么，而不是由世俗的眼光和评价来决定自己究竟要做什么。

你可以不信奉宗教，但你不能没有信仰，你要对这个世界以及它的源头有一定的认知和信任。世界是由能量组成的，它是一个量子世界，所有东西都有它的振动频率，你越能跟这个振动频率联结在一起，跟它同频共振，你在生命当中创造和解决问题的能力就会越强。

请大家一定要有这样的信任，并且去试试看。

最后，感谢你买了我的书，而且一直陪我读到最后，希望它对你有所启发。别忘了，一定要在日常的言语、思维、行为模式中做出改变，你才能有真正的收获和成长。

祝福大家！

X 磨铁

上架建议：畅销 心灵成长

ISBN 978-7-213-09710-2

9 787213 097102 >

定价：52.00 元

陪你凹出读书新姿势